Java程序员面试笔试通关宝典

聚慕课教育研发中心　编著

清華大學出版社
北　京

内容简介

本书通过深入解析企业面试与笔试真题，在解析过程中结合职业需求深入地融入并扩展了 Java 核心编程技术。本书是专门为 Java 程序员求职和提升核心编程技能量身打造的编程技能学习与求职用书。

全书共 10 章。首先讲解了求职者在面试过程中的礼仪和技巧，接着带领读者学习 Java 的基础知识，并深入讲解了字符串、泛型和集合以及数组等核心编程技术。同时还深入探讨了在 Java 开发中的异常处理、正则表达式和线程等高级应用技术。最后，对 Java 中的 Servlet 和框架技术进行了扩展性介绍。

本书多角度、全方位地竭力帮助读者快速掌握 Java 程序员的面试及笔试技巧，构建从高校到社会与企业的就职桥梁，让有志于从事 Java 程序员行业的读者轻松步入职场。另外，本书赠送资源比较多，我们在本书前言部分对资源包的具体内容、获取方式以及使用方法等做了详细说明。

本书适合想从事 Java 程序员行业或即将参加 Java 程序员面试求职的读者阅读，也可作为计算机相关专业毕业生的求职指导用书。

本书封面贴有清华大学出版社防伪标签，无标签者不得销售。
版权所有，侵权必究。侵权举报电话：010-62782989　13701121933

图书在版编目（CIP）数据

Java 程序员面试笔试通关宝典 / 聚慕课教育研发中心编著. —北京：清华大学出版社，2020.6
ISBN 978-7-302-55573-5

Ⅰ. ①J…　Ⅱ. ①聚…　Ⅲ. ①JAVA 语言—程序设计　Ⅳ. ①TP312.8

中国版本图书馆 CIP 数据核字（2020）第 090019 号

责任编辑： 张　敏
封面设计： 杨玉兰
责任校对： 徐俊伟
责任印制： 丛怀宇

出版发行： 清华大学出版社
网　　址： http: //www.tup.com.cn, http: //www.wqbook.com
地　　址： 北京清华大学学研大厦 A 座　　**邮　　编：** 100084
社 总 机： 010-62770175　　**邮　　购：** 010-83470235
投稿与读者服务： 010-62776969, c-service@tup.tsinghua.edu.cn
质量反馈： 010-62772015, zhiliang@tup.tsinghua.edu.cn
印 装 者： 小森印刷霸州有限公司
经　　销： 全国新华书店
开　　本： 185mm×260mm　　**印　　张：** 14.25　　**字　　数：** 359 千字
版　　次： 2020 年 9 月第 1 版　　**印　　次：** 2020 年 9 月第 1 次印刷
定　　价： 59.80 元

产品编号：085833-01

前 言

PREFACE

本书内容

全书分为 10 章。每章均设置有“本章导读”和“知识清单”板块，便于读者熟悉和自测本章必须掌握的核心要点；同时采用知识点和面试与笔试试题相互依托、贯穿的方式进行讲解，借助面试及笔试真题让读者对求职身临其境，从而掌握解题的思路和解题技巧；最后通过“名企真题解析”板块让读者进行真正的演练。

第 1 章为面试礼仪和技巧。主要讲解面试前的准备、面试中的应对技巧以及面试结束后的礼节，全面揭开求职的神秘面纱。

第 2 章为 Java 基础。主要讲解数据类型、常量和变量、运算符和表达式、流程控制语句、类和对象以及接口等基础知识。

第 3～5 章为 Java 核心技术。主要讲解字符串、泛型和集合、数组等内容。学习完本部分内容，读者将对 Java 有更全面、深入的认识。

第 6～8 章为高级应用技术。主要讲解 Java 中的异常处理、正则表达式以及线程等高级应用技术。通过本部分的学习，读者可以提高自己的高级编程能力，为求职迅速积累经验。

第 9、10 章为求职面试与笔试核心考核模块，即 Servlet 和框架。主要讲解 Servlet 的基础知识、使用方法、生命周期以及 Java 中的基本框架等知识。

全书不仅融入了作者丰富的工作经验和多年的人事招聘感悟，还融入了技术达人面试、笔试众多经验与技巧，更是全面剖析了众多企业招聘中面试、笔试真题。

本书特色

1. 结构合理，易于自学

本书在内容组织和题目设计中充分考虑到不同层次读者的特点，由浅入深，循序渐进，无论您的基础如何，都能从本书中找到最佳切入点。

2. 题目经典，解析透彻

为降低学习难度，提高学习效率，本书样题均选自经典题型和名企真题，通过细致的题目解析让您迅速补齐技术短板，轻松获取面试及笔试经验，从而晋级为技术大咖。

3. 超多、实用、专业的面试技巧

本书结合实际求职中的面试、笔试真题逐一讲解 Java 开发中的各种核心技能，同时从求职

者角度为您全面揭开求职谜团，并对求职经验和技巧进行了汇总和提炼，让您在演练中掌握知识，轻松获取面试 Offer。

4. 专业创作团队和技术支持

本书由聚慕课教育研发中心编写和提供在线服务。您在学习过程中遇到任何问题，可加入读者 qq 群（661907764）进行提问，作者和资深程序员将为您在线答疑。

本书附赠的超值王牌资源库

本书附赠了极为丰富的超值王牌资源库，具体内容如下：

（1）王牌资源 1：随赠“职业成长”资源库，突破读者职业规划与发展瓶颈。

- 职业规划库：程序员职业规划手册、程序员开发经验及技巧集、软件工程师技能手册。
- 软件技术库：200 例常见错误及解决方案、Java 软件开发技巧查询手册。

（2）王牌资源 2：随赠“面试、求职”资源库，补齐读者的技术短板。

- 面试资源库：Java 程序员面试技巧、400 道求职常见面试（笔试）真题与解析。
- 求职资源库：206 套求职简历模板库、210 套岗位竞聘模板、680 套毕业答辩与学术开题报告 PPT 模板库。

（3）王牌资源 3：随赠“程序员面试与笔试”资源库，拓展读者学习本书的深度和广度。

- 本书全部程序源代码（65 个实例及源代码注释）。
- 编程水平测试系统：计算机水平测试、编程水平测试、编程逻辑能力测试、编程英语水平测试。
- 软件学习必备工具及电子书资源库：Java 类库查询电子书、Java 函数速查手册、数据库命令速查手册、Eclipse 常用快捷键电子书、JavaScript 语言参考手册、Java Servlet API 电子书。

上述资源的获取及使用

注意：由于本书不配送光盘，书中所用及上述资源均需借助网络下载才能使用。

采用以下任意途径，均可获取本书所附赠的超值王牌资源库。

（1）加入本书微信公众号“聚慕课 jumooc”，下载资源或者咨询关于本书的任何问题。

（2）加入本书图书读者服务（技术支持）QQ 群（661907764），读者可以咨询关于本书的任何问题。

本书适合哪些读者阅读

本书非常适合以下人员阅读。

- 准备从事 Java 程序员工作的人员。
- 准备参加 Java 程序员求职面试的人员。
- 计算机相关专业毕业生。
- 计算机爱好者。

创作团队

本书由聚慕课教育研发中心组织编写，杨利娟任主编。参与本书编写的人员主要有陈梦、李良、王闪闪、朱性强、陈献凯等。

在编写过程中，我们尽己所能将最好的内容呈现给读者，但也难免有疏漏之处，敬请读者不吝指正。

作　者

目 录

CONTENTS

第1章

面试礼仪和技巧

本章导读

所有人都说求职比较难，其实主要难在面试。在面试中，个人技能只是一部分，还有一部分在于面试的技巧。

本章带领读者学习面试中的礼仪和技巧，不仅包括面试现场的过招细节，而且包括阅人无数的面试官们亲口讲述的职场规划和面试流程，站在面试官的角度来教会读者怎样设计简历、搜集资料、准备面试和完美的表达等。

知识清单

本章要点（已掌握的在方框中打钩）

- ☐ 简历的投递
- ☐ 了解面试流程
- ☐ 仪容仪表
- ☐ 巧妙回答面试中的问题

1.1 面试前的准备

如果想在面试中脱颖而出，面试之前的准备工作是非常重要的。本节将告诉读者在面试之前应该准备哪些工作。

1.1.1 了解面试企业的基本情况以及企业文化

在进行真正的面试之前，了解招聘公司的基本情况和企业文化是最好的战略，这不仅能让你尽可能地面对可能出现的面试挑战，而且还能机智、从容地应对面试中的问题。了解招聘公司的最低目标是尽可能多地了解该公司的相关信息，并基于这些信息建立起与该公司的共同点，帮助自己更好地融入招聘公司的发展规划，同时能够让公司发展得更好。

1. 对招聘公司进行调研

对招聘公司进行调研是让自己掌握更多关于该公司的基础信息。无论自己的业务水平如何，都应该能够根据常识来判断和运用所收集的信息。

1）了解招聘公司的基本情况

了解招聘公司的基本情况一般从以下几个方面进行：

（1）招聘公司的行业地位，是否有母公司或下属公司。

（2）招聘公司的规模、地址、联系电话、业务描述等信息。如果是上市公司，还要了解其股票代码、净销售额、销售总量以及其他相关信息。

（3）招聘公司的业务类型、产品和品牌。

（4）招聘公司所处的行业规模、公司所处行业的发展前景预测、行业的现状。

（5）招聘公司的竞争对手、这些竞争对手的情况以及该公司与其竞争对手相比较的优势和劣势。

（6）招聘公司的管理者。

（7）招聘公司目前的发展状况，是正在扩张、紧缩，还是处于瓶颈期。

（8）招聘公司的历史。

2）了解企业的基本方法

应聘者可以通过互联网查询的方法来了解招聘公司的更多信息。但互联网的使用不是唯一途径，之所以选择使用互联网，是因为它比纸质材料的查询更便捷、更节省时间。

（1）公司官网。

访问招聘公司的官方网站是必需的。了解公司的产品信息，关注其最近发布的新闻。访问公司官方网站获取信息能让你对招聘公司的业务运营和业务方式有基本的了解。

（2）搜索网站。

在网站输入招聘公司的名称、负责招聘的主管名字以及任何其他相关的关键词和信息，如行业信息等。

（3）公司年报。

一个公司的年报通常包含公司使命、运营的战略方向、财务状况以及公司运营情况的健康程度等信息，它能够让你迅速地掌握招聘公司的产品和组织结构。

2. 企业文化

几乎在每场的面试中，面试官都会问应聘者公司的企业文化了解多少。那么如何正确并且得体地回答该问题呢？

1）了解什么是企业文化

企业文化是指一个企业所特有的价值观与行为习惯，突出体现一个企业倡导什么摒弃什么，禁止什么鼓励什么。企业文化包括精神文化（企业价值观、企业愿景、企业规则制度）、行为文化（行为准则、处事方式、语言习惯等）和物质文化（薪酬制度、奖惩措施、工作环境等）三个层面，无形的文化却实实在在地影响到有形的方方面面。所以企业文化不仅关系企业的发展战略部署，也直接影响着个体员工的成长与才能发挥。

2）面试官询问应聘人员对企业文化了解的目的

（1）通过应聘人员对该企业文化的了解程度判断应聘者的应聘态度和诚意，一般而言应聘者如果比较重视所应聘的岗位、有进入企业工作的实际意愿，会提前了解所应聘企业的基本情况，当然也会了解到该企业的企业文化内容。

（2）通过应聘者对该企业文化的表述语气或认知态度，判断应聘者是否符合企业的用人价值标准（不是技能标准），预判应聘者如果进入企业工作，能否适应企业环境，个人才能能否得到充分发挥。

3. 综合结论

面试之前要做充分的准备，尤其是在招聘公司的企业文化方面。

（1）面试之前，在纸上写下招聘公司的企业文化，不需要详细地全部写出来，以要点的方式列出即可，这样就能够记住所有的关键点，起到加深记忆的功效。

（2）另外，需要写上你理想中的企业文化、团队文化以及如何实现或建设这些理想文化。

完成这些工作，不仅仅能让你在面试中力压竞争对手，脱颖而出，更能让你在未来的工作中成为一个好的团队成员或一个好的领导者。

1.1.2　了解应聘职位的招聘要求以及自身的优势和劣势

面试前的准备是为了提供面试时遇到问题的解决方法，那么应聘者首先就需要明确招聘公司对该职位的招聘要求。

1. 了解应聘职位的要求

应聘者需要首先对所应聘的职位有一个准确的认知和了解，从而对自己从事该工作后的情况有一个判断，比如应聘驾驶员就要预期可能会有工作时间不固定的情况。

一般从企业招聘的信息上可以看到岗位的工作职责和任职资格，应聘前可以详细了解，一方面能够对自己选择岗位有所帮助（了解自己与该职位的匹配度以决定是否投递），二是能够更好地准备面试。

面试官一般通过求职者对岗位职能的理解和把握来判断求职者对于该工作领域的熟悉程度，这也是鉴别“求职者是否有相关工作经验”的专项提问。

2. 自身优势和劣势

首先，结合岗位的特点谈谈自身的优势，这些优势必须是应聘岗位所要求的，可以从专业、能力、兴趣、品质等方面展开论述。

其次，客观、诚恳地分析自身的缺点，这部分要注意措辞，不能将缺点说成缺陷，要尽量使考官理解并接受。同时表明决心，要积极改进不足，提高效率，保证按时、保质完成任务。

最后，总结升华，在今后的工作中会发挥优势、改正缺点，成为一名合格的工作人员。

1.1.3　简历的投递

1. 设计简历

很多人在求职过程中不重视简历的制作。“千里马常有，而伯乐不常有”，一个职位有时候有成百上千人在竞争，要想在人海中突出自己，简历是非常重要的。

求职简历是你与招聘公司建立联系的第一步。要在“浩如烟海”的求职简历里脱颖而出，必须对其进行精心且不露痕迹的包装，既投招聘人员之所好，又重点突出你的竞争优势，这样自然会获得更多的面试机会。

在设计简历时需要注意以下几点：

（1）简历篇幅。

篇幅较短的简历通常会令人印象更为深刻。招聘人员浏览一份简历一般只会用 10s 左右。如果你的简历言简意赅，恰到好处，招聘人员一眼就能看到，有些招聘人员遇上较长的简历甚至都不会阅读。

如果你总在担心你的工作经验比较丰富，1～2 页篇幅根本放不下，怎么办?相信我，你可以的。其实，简历写得洋洋洒洒并不代表你经验丰富，反而只会显得你完全抓不住重点。

（2）工作经历。

在写工作经验时，只需筛选出与之相关的工作经历即可，否则显得太过累赘，不能给招聘人员留下深刻印象。

（3）项目经历。

写明项目经历会让你看起来非常专业，对于大学生和毕业不久的新人尤其如此。

简历上应该只列举 2～4 个最重要的项目。描述项目要简明扼要，比如使用哪些语言或技术。当然也可以包括细节，比如该项目是个人独立开发还是团队合作的成果。独立项目一般来说比课程设计会更加出彩，因为这些项目会展现出你的主动性。

项目也不要列太多，否则会显得鱼龙混杂，效果不佳。

（4）简历封面。

在制作简历时建议取消封面，以确保招聘人员拿起简历就可以直奔主题。

2. 投递简历

简历的投递有多种方式，在投递简历时要根据自身优势选择适合自己的职位。简历的投递方式如下：

（1）网申，这是最普遍的一种途径。每到招聘时间，网络上就会有各种各样的招聘信息。常用的求职网站有 51job、Boss 直聘、拉勾网等。

（2）邮箱投递。有些公司会要求通过邮箱投递，大多数公司在开宣讲会的时候会接收简历，部分公司还会做现场笔试或者初试。

（3）大型招聘会。这是一个广撒网的机会，不过还是要找准目标，有针对性地投简历。

（4）内部推荐。内部推荐是投简历最高效的一种方式。

1.1.4 礼貌答复面试或笔试通知

用人单位通知求职人面试，一般通过两种方式：电话通知或者电子邮件通知。

1. 电话通知

一旦发出求职信件，在这期间，就要有一定的心理准备，那就是陌生的来电。接到面试通知的电话时，一定要在话语中表现出热情，声音是另外一种表情，对方根据你说话的声音就能判断出你当时的表情以及情绪，所以，一定要注意说话的语气以及音调。如果因为另外有事而不能如约参加面试，应该在语气上表现得非常歉意，并且要积极地主动和对方商议另选时间，只有这样，才不会错失一次宝贵的面试机会。

2. 电子邮件通知

（1）开门见山告诉对方收到邮件了，并且明确表示会准时到达。

（2）对收到邮件表示感谢以示礼貌。

（3）为了防止对方面试时间发生变动，要注意强调自己的联系方式，也就是暗示对方如果改变时间了，可以通知变更，防止自己扑空或者错过面试时间。

1.1.5　了解公司的面试流程

在求职面试时，如果能了解到公司的招聘流程和面试方法，那么就可以有充足的准备去迎接面试了。以下总结了一些知名企业的招聘流程。

1）微软公司招聘流程

微软公司的面试招聘被应试者称为“面试马拉松”。应试者需要与部门工作人员、部门经理、副总裁、总裁等五六个人交谈，每人大概 1 小时，交谈的内容各有侧重。除涉及信仰、民族歧视、性别歧视等敏感问题之外，其他问题几乎都可能涉及。面试时，尤其重视以下几点：

（1）应试者的反应速度和应变能力。

（2）应试者的口才。口才是表达思维、交流思想感情、促进相互了解的基本功。

（3）应试者的创新能力。只有经验没有创新能力、只会墨守成规的工作方式，这不是微软公司提倡和需要的。

（4）应试者的技术背景。要求应试者当场编程。

（5）应试者的性格爱好和修养。一般通过与应试者共进午餐或闲谈了解。

微软公司面试应聘者，一般是面对面地进行，但有时候也会通过长途电话。

当你离开之后，每一个主考官都会立即给其他主考官发出电子邮件，说明他对你的赞赏、批评、疑问以及评估。评估均以四等列出：强烈赞成聘用；赞成聘用；不能聘用；绝对不能聘用。你在几分钟后走进下一个主考官的办公室，根本不知道他对你先前的表现已经了如指掌。

在面试过程中如果有两个主考官对应聘者说 No，那这个应聘者就被淘汰了。一般来说，你见到的主考官越多，你的希望也就越大。

2）腾讯公司招聘流程

腾讯公司首先在各大高校举办校园招聘，主要招聘技术类和业务类人才。技术类主要招聘三类人才：

（1）网站和游戏的开发；

（2）腾讯公司产品 QQ 的开发，主要是 VC 方面；

（3）腾讯公司服务器方面：Linux 下的 C/C++程序设计。

技术类的招聘分为一轮笔试和三轮面试。笔试分为两部分：首先是回答几个问题；然后才是技术类的考核。考试内容主要包括指针、数据结构、UNIX、TCP/UDP、Java 语言和算法。题目难度相对较大。

第一轮面试是一对一的，比较轻松，主要考查两个方面：一是你的技术能力，主要是通过询问你所做过的项目来考查；二是一些你个人的基本情况以及你对腾讯的了解和认同。

第二轮面试：面试官是应聘部门的经理，会问一些专业问题，并就你的笔试情况进行讨论。

第三轮面试：面试官是人力资源部的员工，主要是对你做性格能力的判断和综合能力测评。

一般会要求你做自我介绍，考查你的反应能力，了解你的价值观、求职意向以及对腾讯文化的认同度。

腾讯公司面试常见问题如下：

（1）说说你以前做过的项目。

（2）你们开发项目的流程是怎样的?

（3）请画出项目的模块架构。

（4）请说说 Server 端的机制和 API 的调用顺序。

3）华为公司招聘流程

华为公司的招聘一般分为技术类和营销管理类，包括一轮笔试和四轮面试。

（1）华为公司笔试。

华为公司软件笔试题：35 个单选题，每题 1 分；16 道多选题，每题 2.5 分。主要考查 C/C++、软件工程、操作系统及网络，涉及少量关于 Java 的题目。

（2）华为公司面试。

华为公司的面试被求职者称为“车轮战”，在 1～2 天内要被不同的面试官面试 4 次，都可以立即知道结果，很有效率。第一轮面试以技术面试为主，同时会谈及你的笔试；第二轮面试也会涉及技术问题，但主要是问与这个职位相关的技术以及你拥有的一些技术能力；第三轮面试主要是性格倾向面试，较少提及技术，主要是问你的个人基本情况、你对华为文化的认同度、你是否愿意服从公司安排以及你的职业规划等；第四轮一般是用人部门的主要负责人面试，面试的问题因人而异，既有一般性问题也有技术问题。

1.1.6 面试前的心理调节

1. 调整心态

面试之前，适度的紧张有助于你保持良好的备战心态，但如果过于紧张可能就导致你手足无措，影响面试时的发挥。因此要调整好心态，从容应对。

2. 相信自己

对自己进行积极的暗示。积极的自我暗示并不是盲目乐观，脱离现实，以空幻美妙的想象来代替现实，而是客观、理性地看待自己，并对自己有积极的期待。

3. 保证充足的睡眠

面试之前，很多人都睡不好觉，焦虑，但要记住充足的睡眠是面试之前具有良好精神状态的保证。

1.1.7 仪容仪表

面试的着装是非常重要的，因为通过你的穿着面试官可以看出你对这次面试的重视程度。如果你的穿着和招聘公司的要求比较一致，可能会拉近你和面试官的心理距离。因此，根据招聘公司和职位的特点来决定你的穿着是很重要的。

1. 对于男士而言

男士在夏天和秋天时，主要以短袖或长袖衬衫搭配深色西裤最为合适。衬衫的颜色最好是没有格子或条纹的白色或浅蓝色。衬衫要干净，不能有褶皱，以免给人留下邋遢的不好印象。冬天和春天时可以选择西装，西装的颜色应该以深色为主，最好不要穿纯白色和红色的西装，否则给人的感觉比较花哨、不稳重。

其次，领带也很重要，领带的颜色与花纹要与西服相搭配。领带结要打结实，下端不要长过腰带，但也不可太短。面试时可以带一个手包或公文包，颜色以深色和黑色为宜。

一般来说，男士的发型不能怪异，普通的短发即可。面试前要把头发梳理整齐，胡子刮干净。不要留长指甲，指甲要保持清洁，口气要清新。

2. 对于女士而言

女士在面试时最好穿套装，套装的款式保守一些比较好，颜色不能太过鲜艳。另外，穿裙装的话要过膝，上衣要有领有袖。可以适当化一个淡妆。不能佩戴过多的饰物，尤其是一动就叮当作响的手链。高跟鞋要与套装相搭配。

对于女士的发型来说，简单的马尾或者干练有型的短发都会显示出不同的气质。

（1）长发的女士最好把头发扎成马尾，并注意不要过低，否则会显得不够干练。刘海儿也应该重点修理，以不盖过眉毛为宜，还可以使用合适的发卡把刘海儿夹起来，或者直接梳到脑后，具体根据个人习惯进行。

（2）半披肩的头发则要注意不要太过凌乱，有长短层次的刘海儿应该斜梳定型，露出眼睛和眉毛，显得端庄文雅。

（3）短发的女士最好不要烫发，否则会显得不够稳重。

☆**注意**☆　头发最忌讳的一点是有太多的头饰。在面试的场合，大方、自然才是真。所以，不要戴过多的颜色鲜艳的发夹或头花，披肩的长发也要适当地加以约束。

1.2　面试中的应对技巧

在面试的过程中难免会遇到一些这样或那样的问题，本节总结了一些在面试过程中要注意的问题，教会应聘者在遇到这些问题时应该如何应对。

1.2.1　自我介绍

自我介绍是面试进行的第一步，本质在于自我推荐，可以带给面试官对你的第一印象。

应聘者可以按照时间顺序来组织自我介绍的内容，这种结构适合大部分人，步骤总结如下：

（1）目前的工作，一句话概述。

例如：我目前是 Java 工程师，在微软公司已经从事软件开发工作两年了。

（2）大学时期。

例如：我是计算机科学与技术专业出身，在郑州大学读的本科，暑假期间在几家创业公司参加实习工作。

（3）毕业后。

例如：毕业以后就去了腾讯公司做开发工作。那段经历令我受益匪浅：我学到了许多有关项目模块框架的知识，并且推动了网站和游戏的研发。这实际上表明，我渴望加入一个更具有创业精神的团队。

（4）目前的工作，可以详细描述。

例如：之后我进入了微软公司工作，主要负责初始系统架构，它具有较好的可扩展性，能够跟得上公司的快速发展步伐，然后由于表现优秀开始独立领导 Java 开发团队。尽管只管理几个人，但我的主要职责是提供技术指导，包括架构、编程等。

（5）兴趣爱好。

如果你的兴趣爱好只是比较常见的滑雪、跑步等活动，这会显得比较普通，可以选择一些在技术上的爱好进行说明。这不仅能提升你的实践技能，而且也能展现出你对技术的热爱。例如：在业余时间，我也以博主的身份经常活跃在 Java 开发者的在线论坛上，和他们进行技术的切磋和沟通。

（6）总结。

我正在寻找新的工作机会，而贵公司吸引了我的目光，我始终热爱与用户打交道，并且打心底里想在贵公司工作。

1.2.2 面试中的基本礼仪

当我们不认识一个人的时候，对他了解并不多，因此只能通过这个人的言行举止来进行判断。你的言行举止构成了整个面试流程中的大部分内容。

1. 肢体语言

通过肢体语言可以让一个人看起来更加自信、强大并且值得信任。肢体语言能够展示什么样的素质，则要取决于具体的环境和场合的需要。

另外，你也需要意识到他人的肢体语言，这可能意味着你需要通过解读肢体语言来判断他们是否对你感兴趣或是否因为你的出现而感到了威胁。如果他们确实因为你的出现而感到了威胁，那么你可以通过调整自己肢体语言的方式来让对方感到放松并降低警惕。

2. 眼神交流

人的眼睛是人体中表达力最强的部分，当面试官与你交谈时，如果他们直接注视你的双眼，你也要注视着面试官，表示你在认真聆听他们说话，这也是最基本的尊重。能够保持持续有效的眼神交流才能建立彼此之间的信任。如果面试官与你的眼神交流很少，可能意味着对方对你并不感兴趣。

3. 姿势

姿势展现了你处理问题的态度和方法。正确的姿势是指你的头部和身体的自然调整，不使用身体的张力，也无须锁定某个固定的姿势。每个人都有自己专属的姿势，而且这个姿势是常年累积起来的。

无论是站立还是坐着，都要保持正直但不僵硬的姿态。身体微微前倾，而不是后倾。注意不要将手臂交叠于胸前、不交叠绕脚。虽然绕脚是可以接受的，但不要隐藏或紧缩自己的脚踝，以显示出自己的紧张。

如果你在与面试官交谈时摆出的姿势是双臂交叠合抱于胸前，双腿交叠跷起且整个身体微微地侧开，给面试官的感觉是你认为交谈的对象很无趣，而且对正在进行的对话心不在焉。

4. 姿态

坐立不安的姿态是最常见的。通常情况下，我们在与不认识的人相处或周围都是陌生人时会出现坐立不安的状态，而应对这样的方法就是通过进一步的美化自己的外表，让自己看起来更加体面，而且还能提升自信。

1.2.3　如何巧妙地回答面试官的问题

在面试中，难免会遇到一些比较刁钻的问题，那么如何才能让自己的回答很完美呢？

都说谈话是一门艺术，但回答问题也是门艺术，同样的问题，使用不同的回答方式，往往会产生不同的效果。本节提出一些建议：

1. 回答问题要谦虚谨慎

不能让面试官认为自己很自卑、唯唯诺诺或清高自负，而是应该通过回答问题表现出自己自信从容、不卑不亢的一面。

例如，当面试官问“你认为你在项目中起到了什么作用”时，如果求职者回答：“我完成了团队中最难的工作”，此时就会给面试官一种居功自傲的感觉，而如果回答：“我完成了文件系统的构建工作，这个工作被认为是整个项目中最具有挑战性的一部分内容，因为它几乎无法重用以前的框架，需要重新设计”，则不仅不傲慢，反而有理有据，更能打动面试官。

2. 在回答问题时要适当地留有悬念

面试官当然也有好奇的心理。人们往往对好奇的事情更加记忆深刻。因此，在回答面试官的问题时，记得要说关键点，通过关键点，来吸引面试官的注意力，等待他们继续“刨根问底”。

例如，当面试官对你简历中一个算法问题感兴趣时，你可以回答：“我设计的这种查找算法，可以将大部分的时间复杂度从 $O(n)$降低到 $O(\log n)$，如果您有兴趣，我可以详细给您分析具体的细节。”

3. 回答尖锐问题时要展现自己的创造能力

例如：当面试官问“如果我现在告诉你，你的面试技巧糟糕透顶，你会怎么反应？”

这个问题测试的是你如何应对拒绝，或者是面对批评时不屈不挠的勇气以及在强压之下保持镇静的能力。关键在于要保持冷静，控制住自己的情绪和思维。如果有可能，了解一下哪些方面你可以进一步提高或改善自己。

完美的回答如下：

我是一个专业的工程师，不是一个专业的面试者。如果你告诉我，我的面试技巧很糟糕，那么我会问你，哪些部分我没有表现好，从而让自己在下一场面试中能够改善和提高。我相信你已经面试了成百上千，但是，我只是一个业余的面试者。同时，我是一个好学生并且相信你的专业判断和建议。因此，我有兴趣了解你给我提的建议，并且有兴趣知道如何提高自己的展示技巧。

1.2.4　如何回答技术性的问题

在面试中，面试官经常会提问一些关于技术性的问题，尤其是程序员的面试。那么如何回答技术性的问题呢？

1. 善于提问

面试官提出的问题，有时候可能过于抽象，让求职者不知所措，因此，对于面试中的疑惑，求职者要勇敢地提出来，多向面试官提问。善于提问会产生两方面的积极影响：一方面，提问可以让面试官知道求职者在思考，也可以给面试官一个心思缜密的好印象；另一方面，方便后续自己对问题的解答。

例如，面试官提出一个问题：设计一个高效的排序算法。求职者可能没有头绪，排序对象是链表还是数组？数据类型是整型、浮点型、字符型还是结构体类型？数据基本有序还是杂乱无序？

2. 高效设计

对于技术性问题，完成基本功能是必需的，但还应该考虑更多的内容，以排序算法为例：时间是否高效？空间是否高效？数据量不大时也许没有问题，如果是海量数据呢？如果是网站设计，是否考虑了大规模数据访问的情况？是否需要考虑分布式系统架构？是否考虑了开源框架的使用？

3. 伪代码

有时候实际代码会比较复杂，上手就写很有可能漏洞百出、条理混乱，所以求职者可以征求面试官同意，在写实际代码前，写一个伪代码。

4. 控制答题时间

回答问题的节奏最好不要太慢，也不要太快，如果实在是完成得比较快，也不要急于提交给面试官，最好能够利用剩余的时间，认真检查边界情况、异常情况及极性情况等，看是否也能满足要求。

5. 规范编码

回答技术性问题时，要严格遵循编码规范：函数变量名、换行缩进、语句嵌套和代码布局等。同时，代码设计应该具有完整性，保证代码能够完成基本功能、输入边界值能够得到正确的输出、对各种不合规范的非法输入能够做出合理的错误处理。

6. 测试

任何软件都有 bug，但不能因为如此就允许自己的代码错误百出。尤其是在面试过程中，实现功能也许并不十分困难，困难的是在有限的时间内设计出的算法中，各种异常是否都得到了有效的处理、各种边界值是否都在算法设计的范围内。

测试代码是让代码变得完备的高效方式之一，也是一名优秀程序员必备的素质之一。所以，在编写代码前，求职者最好能够了解一些基本的测试知识，做一些基本的单元测试、功能测试、边界测试以及异常测试。

☆**注意**☆ 在回答技术性问题时，千万别一句话都不说，面试官面试的时间是有限的，他们希望在有限的时间内尽可能地多了解求职者，如果求职者坐在那里一句话不说，则会让面试官觉得求职者不仅技术水平不行，而且思考问题能力以及沟通能力可能都存在问题。

1.2.5 如何应对自己不会的题

俗话说“知之为知之，不知为不知”，在面试的过程中，由于处于紧张的环境中，对面试官提出的问题求职者并不是都能回答出来。面试过程中遇到自己不会回答的问题时，错误的做法是保持沉默或者支支吾吾、不懂装懂，硬着头皮胡乱说一通，这样无疑是为自己挖了一个坑。

其实面试遇到不会的问题是一件很正常的事情，即使对自己的专业有相当的研究与认识，也可能会在面试中遇到不知道如何回答的问题。在面试中遇到不懂或不会回答的问题时，正确的做法是本着实事求是的原则，态度诚恳，告诉面试官不知道答案。例如，“对不起，不好意思，这个问题我回答不出来，我能向您请教吗?”

征求面试官的意见时可以说说自己的个人想法，如果面试官同意听了，就将自己的想法说出来，回答时要谦逊有礼，切不可说起来没完。然后应该虚心地向面试官请教，表现出强烈的学习欲望。

1.2.6　如何回答非技术性的问题

在 IT 企业招聘过程的笔试、面试环节中，并非所有的内容都是 C/C++、Java、数据结构与算法及操作系统等专业知识，也包括其他一些非技术类的知识。技术水平测试可以考查一个应聘者的专业素养，而非技术类测试则更强调求职者的综合素质。

1. 笔试中的答题技巧

（1）合理、有效的时间管理。由于题目的难易不同，因此答题要分清轻重缓急，最好的做法是不按顺序答题。不同的人擅长的题型是不一样的，因此应该首先回答自己最擅长的问题。

（2）做题只有集中精力、全神贯注，才能将自己的水平最大限度地发挥出来。

（3）学会用关键字查找，通过关键字查找，能够提高做题效率。

（4）提高估算能力，很多时候，估算能够极大地提高做题速度，同时保证正确性。

2. 面试中的答题技巧

（1）你一直为自己的成功付出了最大的努力吗？

这是一个简单又狡猾的问题。诚恳回答这个问题，并且向面试官展示，一直以来你是如何坚持不懈地试图提高自己的表现和业绩的。我们都是正常人，因此偶尔的松懈或拖延是正常的现象。

标准回答如下：

我一直都在尽自己最大的努力，试图做到最好。但是，前提是我也是个正常人，而人不可能时时刻刻都保持 100%付出的状态。我一直努力地去提高自己人生的方方面面，只要我一直坚持努力地去提高自我，我觉得我已经尽力了。

（2）我可以从公司内部提拔一个员工，为什么还要招聘你这样一个外部人员呢？

提问这个问题时，面试官的真正意图是询问你为什么觉得自己能够胜任这份工作。如果有可能直接从公司内部招聘员工来担任这份工作，不要怀疑，大多数公司会直接这么做的。很显然，这是一项不可能完成的任务，因为已经公开招聘了。在回答的时候，根据招聘公司的需求，陈述自己的关键技术能力和资格，并推销自己。

标准回答如下：

在很多情况下，一个团队可以通过招聘外来的人员，利用其优势来扩大团队的业绩或成就，这让经验丰富的员工能够从一个全新的角度来看待项目或工作任务。我有五年的企业再造的成功经验可供贵公司利用，我有建立一个强大团队的能力、增加产量的能力以及消减成本的能力，这能让贵公司能够很好地定位，并迎接新世纪带来的全球性挑战。

1.2.7 当与面试官对某个问题持有不同观点时，应如何应对

在面试的过程中，对于同一个问题，面试官和应聘者的观点不可能完全一致，当与面试官持有不同观点时，应聘者如果直接反驳面试官，可能会显得没有礼貌，也会导致面试官心里不高兴，最终的结果很可能会是应聘者得不到这份工作。

如果与面试官持有不一样的观点，应聘者应该委婉地表达自己的真实想法，由于我们不了解面试官的性情，因此应该先赞同面试官的观点，给对方一个台阶下，然后再说明自己的观点，尽量使用“同时”“而且”类型的词进行过渡，如果使用“但是”这类型的词就很容易把自己放到面试官的对立面。

如果面试官比较豁达，他不会和你计较这种事情，万一碰到了“小心眼”的面试官，他和你较真起来，吃亏的还是自己。

1.2.8 如何向面试官提问

提问不仅能显示出应聘者对空缺职位的兴趣，而且还能增加自己对招聘公司及其所处行业的了解机会。最重要的是，提问也能够向面试官强调自己为什么才是最佳的候选人。

因此，应聘者需要仔细选择自己的问题，而且需要根据面试官的不同而对提出的问题进行调整和设计。另外，还有一些问题在面试的初期是应该避免提出的，不管面试你的人是什么身份或来自什么部门，都不要提出关于薪水、假期、退休福利计划或任何其他可能让你看起来对薪资福利待遇的兴趣大过于对公司的兴趣的问题。

提问题的原则就是只问那些对你来说真正重要的问题或信息。可以从以下方面来提问：

1. 真实的问题

真实的问题就是你很想知道答案的问题。例如：

（1）在整个团队中，测试人员、开发人员和项目经理的比例是多少？

（2）对于这个职位，除了在公司官网上看到的职位描述之外，还有什么其他信息可以提供？

2. 技术性问题

有见地的技术性问题可以充分反映出自己的知识水平和技术功底。例如：

（1）我了解到你们正在使用 XXX 技术，想问一下它是怎么来处理 Y 问题呢？

（2）为什么你们的项目选择使用 XX 技术而并不是 YY 技术？

3. 热爱学习

在面试中，你可以向面试官展示自己对技术的热爱，让他了解你比较热衷于学习，将来能为公司的发展做出贡献。例如：

（1）我对这门技术的延伸性比较感兴趣，请问有没有机会可以学习这方面的知识？

（2）我对 X 技术不是特别了解，您能多给我讲讲它的工作原理吗？

1.2.9 明人“暗语”

在面试中，听懂面试官的“暗语”是非常重要的。“暗语”已成为一种测试应聘者心理素质、探索应聘者内心真实想法的有效手段。理解面试中的“暗语”对应聘者来说也是必须掌握的一门学问。

常见“暗语”总结如下：

（1）简历先放在这吧，有消息我们会通知你的。

当面试官说出这句话时，表示他对你并不感兴趣。因此，作为应聘者不要自作聪明、一厢情愿地等待着消息的通知，这种情况下，一般是不会有任何消息通知的。

（2）你好，请坐。

“你好，请坐”看似简单的一句话，但从面试官口中说出来的含义就不一样了。一般情况下，面试官说出此话，应聘者回答“你好”或“您好”不重要，主要考验应聘者能否“礼貌回应”和“坐不坐”。

通过问候语，可以体现一个人的基本素质和修养，直接影响在面试官心目中的第一印象。因此正确的回答方法是“您好，谢谢”然后坐下来。

（3）你是从哪里了解到我们的招聘信息的？

面试官提出这种问题，一方面是在评估招聘渠道的有效性，另一方面是想知道求职者是否有熟人介绍。一般而言，熟人介绍总体上会有加分，但是也不全是如此。如果是一个在单位里表现不佳或者其推荐的历史记录不良的熟人介绍，则会起到相反的效果，而大多数面试官主要是为了评估自己企业发布招聘广告的有效性。

（4）你有没有去其他什么公司面试？

此问题是在了解应聘者的职业生涯规划，同时来评估被其他公司录用或淘汰的可能性。当面试官对应聘者提出这种问题时，表明面试官对应聘者是基本肯定的，只是还不能下决定是否最终录用。如果应聘者还应聘过其他公司，请最好选择相关联的岗位或行业回答。一般而言，如果应聘过其他公司，一定要说自己拿到了其他公司的录用通知，如果其他公司的行业影响力高于现在面试的公司，无疑可以加大应聘者自身的筹码，有时甚至可以因此拿到该公司的顶级录用通知，如果其他公司的行业影响力低于现在面试的公司，如果回答没有拿到录用通知，则会给面试官一种误导：连这家公司都没有给录用通知，我们如果给录用通知了，岂不是说明我们的实力不如这家公司？

（5）结束面试的暗语。

在面试过程中，一般应聘者进行自我介绍之后，面试官会相应地提出各类问题，然后转向谈工作。面试官通常会把工作的内容和职责大致介绍一遍，接着让应聘者谈谈今后工作的打算，然后再谈及福利待遇问题，谈完之后应聘者就应该主动做出告辞的姿态，不要故意去拖延时间。

面试官认为面试结束时，往往会暗示的话语来提醒应聘者：

- 我很感谢你对我们公司这项工作的关注。
- 真难为你了，跑了这么多路，多谢了。
- 谢谢你对我们招聘工作的关心，我们一旦做出决定就会立即通知你。
- 你的情况我们已经了解。

此时，应聘者应该主动站起身来，露出微笑，和面试官握手并且表示感谢，然后有礼貌地退出面试室。

（6）面试结束后，面试官说“我们有消息会通知你”。

一般而言，面试官让应聘者等通知，有多种可能：

- 对面试者不感兴趣。
- 面试官不是负责人，需要请示领导。
- 对应聘者不是特别满意，希望再多面试一些人，如果没有更好的，就录取。
- 公司需要对面试留下的人进行重新选择，安排第二次面试。

（7）你能否接受调岗。

有些公司招收岗位和人员比较多，在面试中，当听到面试官说出此话时，言外之意是该岗位也许已经满员了，但公司对应聘者很有兴趣，还是希望应聘者能成为企业的一员。面对这种提问，应聘者应该迅速做出反应，如果认为对方是个不错的公司，应聘者对新的岗位又有一定的把握，也可以先进单位再选岗位；如果对方公司状况一般，新岗位又不太适合自己，可以当面拒绝。

（8）你什么时候能到岗。

当面试官问及到岗的时间时，表明面试官已经同意录用你了，此时只是为了确定应聘者是否能够及时到岗并开始工作。如果的确有隐情，也不要遮遮掩，适当说明情况即可。

1.3　面试结束后的礼节

面试结束之后，无论结果如何，都要以平常心来对待。即使没有收到该公司的 offer 也没关系，我们需要做的就是好好地准备下一家公司的面试。当我们多面试几家之后，我们自然会明白面试的一些规则和方法，这样也会在无形之中提高我们面试的通过率。

1.3.1　面试结束后是否会立即收到回复

一般在面试结束后不会立即收到回复，主要是因为面试公司的招聘流程问题。许多公司，人力资源和相关部门组织招聘，在对人员进行初选后，需要高层进行最终的审批确认，才能向面试成功者发送 offer。

面试者一般在 3～7 个工作日会收到通知。

（1）首先，公司在结束面试后，会将所有候选人从专业技能、综合素质、稳定性等方面结合起来，进行评估对比，择优选择。

（2）其次，选中候选人之后，还要结合候选人的期望薪资、市场待遇、公司目前薪资水平等因素为候选人定薪，有些公司还会提前制定好试用期考核方案。

（3）薪资确定好之后，公司内部会走签字流程，确定各个相关部门领导的同意。

建议在等待面试结果的过程中可以继续寻找下一份工作，下一份工作确定也需要几天时间，两者并不影响。在人事部门商讨的回复结果时间内没有接到通知，可以主动打电话去咨询，并明确具体没有通过的原因，然后再做改善。

1.3.2 面试没有通过是否可以再次申请

当然可以，不过通常需要等待 6 个月到 1 年的时间才可以再次申请。

目前有很多公司为了能够在一年一度的招聘季节中，提前将优秀的程序员招入自己公司，往往会先下手为强。他们通常采取的措施有两种：一是招聘实习生；二是多轮招聘。很多人可能会担心，万一面试时发挥不好，没被公司选中，会不会被公司写入黑名单，从此再也不能投递这家公司。

一般而言，公司是不会“记仇”的，尤其是知名的大公司，对此都会有明确的表示。如果在公司的实习生招聘或在公司以前的招聘中未被录取，一般是不会被拉入公司的“黑名单”的。在下一次招聘中，你和其他求职者一样，具有相同的竞争机会。上一次面试中的糟糕表现一般不会对你的新面试有很大的影响。例如：有很多人都被谷歌公司或微软公司拒绝过，但他们最后还是拿到了这些公司的录用通知书。

如果被拒绝了，也许是在考验，也许是在等待，也许真的是拒绝。但无论出于什么原因，此时此刻都不要对自己丧失信心。所以，即使被公司拒绝了也不是什么大事，以后还是有机会的。

1.3.3 怎样处理录用与被拒

面试结束，当收到录取通知时，是接受该公司的录用还是直接拒绝呢？无论是接受还是拒绝都要讲究方法。

1. 录用回复

公司发出的录用通知大部分都有回复期限，一般为 1～4 周。如果这是你心仪的工作，你需要及时给公司进行回复，但如果你还想要等其他公司的录用通知，你可以请求该录用公司延长回复期限，如果条件允许，大部分公司都会予以理解。

2. 如何拒绝录用通知

当你发现你对该公司不感兴趣时，你需要礼貌地拒绝该公司的录用通知，并与该公司做好沟通工作。

在拒绝录用通知时，你需要提前准备好一个合乎情理的理由。例如：当你要放弃大公司而选择创业型公司时，你可以说自己认为创业型公司是当下最佳的选择。由于这两种公司大不相同，大公司也不可能突然转变为创业型公司，所以他们也不会说什么。

3. 如何处理被拒

当面试被拒时，你也不要气馁，这并不代表你不是一个好的 Java 工程师。有很多公司都明白面试并不都是完美的，因此也丢失了许多优秀的 Java 工程师，所以，有些公司会因为应聘者原先的表现主动进行联系。

当你接到被拒的电话时，你要礼貌地感谢招聘人员为此付出的时间和精力，表达自己的遗憾和对他们做出决定的理解，并询问什么时间可以重新申请，同时还可以让招聘人员给你面试反馈。

1.3.4 录用后的薪资谈判

在进行薪水谈判时，应聘者最担心的事情莫过于招聘经理会因为薪水谈判而改变录用自己的决定。在大多数情况下，招聘经理不仅不会更改自己的决定，而且会因为你勇于谈判、坚持自己的价值而对你刮目相看，这表示你十分看重这个职位并认真对待这份工作。如果公司选择了另一个薪水较低的人员，或者重新经过招聘、面试的流程来选择合适的人选，那么他需要花费的成本远远要高出你要求的薪酬水平。

在进行薪资谈判时要注意以下几点：

（1）在进行薪资谈判之前，要考虑未来自己的职业发展方向。

（2）在进行薪资谈判之前，要考虑公司的稳定性，毕竟没有人愿意被解聘或下岗。

（3）在公司没有提出薪水话题之前不要主动进行探讨。

（4）了解该公司中的员工薪资水平，以及同行业其他公司中员工的薪资水平。

（5）可以适当地高估自己的价值，甚至可以把自己当成该公司不可或缺的存在。

（6）在进行薪资谈判时，采取策略，将谈判的重点引向自己的资历和未来的业绩承诺等核心价值的衡量上。

（7）在进行薪资谈判时，将谈判的重点放在福利待遇和补贴上，而不仅仅关注工资的税前总额。

（8）如果可以避免，则尽量不要通过电话沟通和协商薪资与福利待遇。

1.3.5 入职准备

入职代表着你的职业生涯的起点，在入职前做好职业规划是非常重要的，它代表着你以后工作的目标。

1. 制定时间表

为了避免出现“温水煮青蛙”的情况，要提前做好规划并定期进行检查。需要好好想一想，五年之后想干什么，十年之后身处哪个职位，如何一步步地达成目标。另外，每年都需要总结过去的一年里自己在职业与技能上取得了哪些进步，明年有什么规划。

2. 人际网络

在工作中，要与经理、同事建立良好的关系。当有人离职时，你们也可以继续保持联络，这样不仅可以拉近你们之间的距离，还可以将同事关系升华为朋友关系。

3. 多向经理学习

大部分经理都愿意帮助下属，所以你可以尽可能地多向经理学习。如果你想以后从事更多的开发工作，你可以直接告诉经理；如果你想往管理层发展，可以与经理探讨自己需要做哪些准备。

4. 保持面试的状态

即使你不是真的想要换工作，也要每年制定一个面试目标。这有助于提高你的面试技能，并让你能胜任各种岗位的工作，获得与自身能力相匹配的薪水。

第 2 章

Java 核心面试基础

本章导读

从本章开始主要带领读者学习 Java 的基础知识以及在面试和笔试中常见的问题。本章先告诉读者要掌握的重点知识有哪些，然后将教会读者应该如何更好地回答这些问题，最后总结了一些在企业的面试及笔试中较深入的真题。

知识清单

本章要点（已掌握的在方框中打钩）

- □ 数据类型和变量
- □ 运算符和流程控制语句
- □ 面向对象的特性
- □ 抽象类和抽象方法
- □ 接口的使用

2.1 Java 核心知识

本节主要讲解 Java 中的基本数据类型、局部变量和成员变量、运算符和表达式以及流程控制语句等基础知识。读者只有牢牢掌握这些基础知识才能在面试及笔试中应对自如。

2.1.1 数据类型

Java 中有两大数据类型，分别为基本数据类型和引用数据类型。

基本数据类型如表 2-1 所示。

表 2-1 基本数据类型

数 据 类 型	位数/b	表示及作用
byte（位）	8	有符号的、以二进制补码表示的整数，数值取值范围是-128 ～ 127

续表

数 据 类 型	位数/b	表示及作用
short（短整数）	16	有符号的、以二进制补码表示的整数，数值取值范围是-32 768～32 767
int（整数）	32	有符号的、以二进制补码表示的整数，数值取值范围是-2 147 483 648 ～ 2 147 483 647。一般的整型变量默认为 int 类型
long（长整数）	64	有符号的、以二进制补码表示的整数，数值取值范围是-9 223 372 036 854 775 808 ～ 9 223 372 036 854 775 807。该类型主要用于比较大的整数的系统
float（单精度）	32	单精度、符合 IEEE 754 标准的浮点数，在储存大型浮点数组的时候可节省内存空间。数值取值范围是 1.4E-45～3.402 823 5E38
double（双精度）	64	双精度、符合 IEEE 754 标准的浮点数，浮点数的默认类型为 double 类型。数值取值范围是 4.9E-324～1.797 693 134 862 315 7E308
boolean（布尔）	1	表示一位的信息，只有 true 和 false 两个值。这种类型只作为一种标志来记录 true/false 的情况
char（字符）	16	char 类型是一个单一的 Unicode 字符，数值取值范围是 0～65 535；char 数据类型可以储存任何字符

引用数据类型包括类、接口、数组等，这些在之后的章节中将会介绍到。

在 Java 中数据类型的转换有两种方法：

（1）自动类型转换。编译器自动完成类型转换，不需要在程序中编写代码。

（2）强制类型转换。强制编译器进行类型转换，必须在程序中编写代码。

由于基本数据类型中 boolean 类型不是数字型，所以基本数据类型的转换是除了 boolean 类型以外的其他 7 种类型之间的转换。

自动转换类型的情况如下：

（1）整数类型之间可以相互转换，如 byte 类型的数据可以赋值给 short、int、long 类型的变量；short、char 类型的数据可以赋值给 int、long 类型的变量；int 类型的数据可以赋值给 long 类型的变量。

（2）整数类型转换为 float 类型，如 byte、char、short、int 类型的数据可以赋值给 float 类型的变量。

（3）其他类型转换为 double 类型，如 byte、char、short、int、long、float 类型的数据可以赋值给 double 类型的变量。

- 自动类型转换规则：从存储范围小的类型到存储范围大的类型，即 byte→short（char）→int→long→float→double。

☆**注意**☆ 在整数之间进行类型转换时，数值不发生改变，而将整数类型（尤其是比较大的整数类型）转换成小数类型时，由于存储方式的不同，可能存在数据精度的损失。

- 强制类型转换规则：从存储范围大的类型到存储范围小的类型，即 double→float→long→int→short（char）→byte。

语法格式：

```
(type)value
```

其中，type 是要强制类型转换后的数据类型。例如：

```
int a = 123
```

```
byte b = (byte)a
```

2.1.2　常量和变量

1. 常量

常量即在程序运行过程中一直不会改变的量。常量在整个程序中只能被赋值一次，并且一旦被定义，它的值就不能再被改变。声明常量的语法格式如下：

```
final 数据类型 变量名[=值]
```

常量名称通常使用大写字母。常量标识符可由任意顺序的大小写字母、数字、下画线（_）和美元符号（$）等组成，标识符不能以数字开头，也不能是 Java 中的保留字和关键字。

当常量用于一个类的成员变量时，必须给常量赋值，否则会出现编译错误。

Java 还允许使用一种特殊形式的字符常量值来表示一些难以用一般字符表示的字符，这种特殊形式的字符是以“\”开头的字符序列，称为转义字符。

Java 中常用的转义字符及含义如表 2-2 所示。

表 2-2　Java 中常用的转义字符及含义

转义字符	含义
\ddd	1～3 位八进制数所表示的字符
\uxxxx	1～4 位十六进制数所表示的字符
\'	单引号字符
\"	双引号字符
\\	双斜杠字符
\r	回车
\n	换行
\b	退格
\t	横向跳格

2. 变量

变量代表程序的状态，程序通过改变变量的值来改变整个程序的状态。

在程序中声明变量的语法格式如下：

```
数据类型 变量名称;
```

☆**注意**☆　数据类型和变量名称之间需要使用空格隔开，空格的个数不限，但是至少需要一个；语句使用“;”作为结束。

1）变量的命名规则

（1）变量名必须是一个有效的标识符。

（2）变量名不可以使用 Java 中的关键字。

（3）变量名不能重复。

（4）选择有意义的单词作为变量名。

2）变量的分类

根据作用域的不同，一般将变量分为成员变量和局部变量。

（1）成员变量。

成员变量又分为全局变量和静态变量。

全局变量不需要使用 static 关键字修饰，而静态变量则需要使用 static 关键字进行修饰。

全局变量在类定义后就已经存在，占用内存空间，可以通过类名来访问，因此不需要实例化。

（2）局部变量。

局部变量是指在方法或者方法代码块中定义的变量，其作用域是其所在的代码块。可分为以下三种：

方法参数变量（形参）：在整个方法内有效。

方法局部变量（方法内定义）： 从定义这个变量开始到方法结束这一段时间内有效。

代码块局部变量（代码块内定义）：从定义这个变量开始到代码块结束这一段时间内有效，常用于 try…catch 代码块中。

2.1.3 运算符和表达式

程序是由许多语句组成的，而语句的基本单位就是表达式与运算符。表达式是由操作数与运算符组成的。操作数可以是常量、变量，也可以是方法，而运算符就是数学中的运算符号，如“+”“-”“*”“/”“%”等。

1. 算术运算符

常用的算术运算符及含义如表 2-3 所示。

表 2-3 常用的算术运算符及含义

操 作 符	含 义
+	加法，把运算符两侧的值相加，即 a+b
-	减法，用左操作数减去右操作数，即 a-b
*	乘法，把操作符两侧的值相乘，即 a*b
/	除法，用左操作数除以右操作数，即 a/b
%	取余，左操作数除以右操作数的余数，即 a%b
++	自增，操作数的值增加 1，即 a++
--	自减，操作数的值减少 1，即 a--

2. 关系运算符

关系运算符也称比较运算符，是指对两个操作数进行关系运算的运算符，主要用于确定两个操作数之间的关系。常用的关系运算符及含义如表 2-4 所示。

表 2-4 常用的关系运算符及含义

操 作 符	含 义
==	检查两个操作数的值是否相等，如果相等即 a=b，则条件为真
!=	检查两个操作数的值是否相等，如果值不相等即 a!=b，则条件为真

续表

操　作　符	含　　义
>	检查左操作数的值是否大于右操作数的值，如果大于即 a>b，则条件为真
<	检查左操作数的值是否小于右操作数的值，如果小于即 a<b，则条件为真
>=	检查左操作数的值是否大于或等于右操作数的值，如果 a>=b，则条件为真
<=	检查左操作数的值是否小于或等于右操作数的值，如果 a<=b，则条件为真

3. 逻辑运算符

逻辑运算符用来把各个运算的变量连接起来，组成一个逻辑表达式，判断编程中某个表达式是否成立，判断的结果是 true 或 false。常用的逻辑运算符及含义如表 2-5 所示。

表 2-5　常用的逻辑运算符及含义

<table>
<tr><th>操　作　符</th><th>含　　义</th></tr>
<tr><td>&&</td><td>逻辑与运算符，当且仅当两个操作数都为真，条件才为真，即 a&&b</td></tr>
<tr><td>||</td><td>逻辑或操作符，如果两个操作数中的任何一个数为真，则条件为真，即 a||b</td></tr>
<tr><td>!</td><td>逻辑非运算符，反转操作数的逻辑状态。如果条件为 true，则逻辑非运算符将得到 false，即!（a&&b）</td></tr>
</table>

4. 赋值运算符

赋值运算符就是为各种不同类型的变量赋值，简单的赋值运算符由等号（=）来实现，即是把等号右边的值赋给等号左边的变量。常用的赋值运算符及含义如表 2-6 所示。

表 2-6　常用的赋值运算符及含义

操　作　符	含　　义
=	简单的赋值运算符，将右操作数的值赋给左操作数，即 c=a+b
+=	加和赋值操作符，把左操作数和右操作数相加并赋值给左操作数，即 c += a 等价于 c =c+a
-=	减和赋值操作符，把左操作数和右操作数相减并赋值给左操作数，即 c-=a 等价于 c=c-a
*=	乘和赋值操作符，把左操作数和右操作数相乘并赋值给左操作数，即 c*=a 等价于 c=c*a
/=	除和赋值操作符，把左操作数和右操作数相除并赋值给左操作数，即 c/=a 等价于 c=c/a
%=	取模和赋值操作符，把左操作数和右操作数取模后赋值给左操作数，即 c%=a 等价于 c=c%a

5. 位运算符

位运算符主要用来对操作数为二进制的位进行运算，按位运算表示按每个二进制位来进行运算，其操作数的类型是整数类型以及字符型，运算的结果是整数类型。常用的位运算符及含义如表 2-7 所示。

表 2-7　常用的位运算符及含义

操　作　符	含　　义
<<=	左移位赋值运算符
>>=	右移位赋值运算符
&=	按位与赋值运算符
^=	按位异或赋值操作符
|=	按位或赋值操作符

2.1.4　流程控制语句

1. 顺序语句

顺序语句的执行顺序是自上而下，依次执行。

2. 条件语句

1）if 语句

```
if(条件表达式){
    条件表达式成立时执行该语句;
}
```

如果条件表达式的值为 true，则执行 if 语句中的代码块，否则执行 if 语句块后面的代码。

2）if…else 语句

```
if(条件表达式){
条件表达式成立时执行该语句;
}else{
条件表达式不成立时执行该语句;
}
```

3）if 嵌套语句

```
if(条件表达式 1){
   if(条件表达式 2){
     语句 1;
           }else{
     语句 2;
   }
           }else{
     语句 3;
   }
```

3. 选择语句

switch 语句判断一个变量与一系列值中某个值是否相等，每个值称为一个分支。

```
switch(表达式){
    case "表达式的结果 1":
        语句 1;
    break;
    case "表达式的结果 2":
        语句 2;
    break;
    default:
        语句 3;
    break;
 }
```

（1）switch 语句中的变量类型可以是 byte、short、int 或者 char。

（2）switch 语句可以有多个 case 语句。每个 case 后面跟一个要比较的值和冒号。

（3）case 语句中值的数据类型必须与变量的数据类型相同，而且只能是常量或者字面常量。

（4）当变量的值与 case 语句的值相等时，case 语句之后的语句开始执行，直到 break 语句出现才会跳出 switch 语句。

（5）当出现 break 语句时，switch 语句中止。程序跳转到 switch 语句后面的语句执行。case 语句不包含 break 语句。如果没有 break 语句出现，则程序会继续执行下一条 case 语句，直到出现 break 语句为止。

（6）switch 语句可以包含一个 default 分支，该分支必须是 switch 语句的最后一个分支。default 在没有 case 语句的值和变量值相等的时候执行。default 分支不需要 break 语句。

4. 循环语句

1）while 语句

while 语句的执行过程是先计算表达式的值，若表达式的值为真（非零），则执行循环体中的语句，继续循环；否则退出该循环，执行 while 语句后面的语句。循环体可以是一条语句或空语句，也可以是复合语句。

```
while(循环条件){
    循环体;
}
```

2）do…while 语句

```
do{
    循环体;
}while(循环条件)
```

☆**注意**☆ while 语句属于先判断后执行，而 do…while 语句先执行一次，而后再进行判断。do…while 循环和 while 循环能实现同样的功能。然而在程序运行过程中，这两种语句还是有差别的。如果循环条件在循环语句开始时就不成立，那么 while 循环的循环体一次都不会执行，而 do…while 循环的循环体还是会执行一次。

3）for 语句

```
for （初值；判断条件；赋值增减量）
{
    语句 1;
    …
    语句 n;
}
```

for 关键字后面()中包括了三部分内容：初始化表达式、循环条件和操作表达式。它们之间用“;”分隔，{}中的执行语句为循环体。

（1）最先执行初始化步骤。可以声明一种类型、初始化一个或多个循环控制变量，也可以是空语句。

（2）判断条件。如果为 true，则循环体被执行。如果为 false，则循环中止，开始执行循环体后面的语句。

（3）执行一次循环后，更新循环控制变量。

（4）再次检测判断条件。循环执行上面的步骤。

2.2 面向对象

Java 是一种面向对象的程序设计语言，了解面向对象的编程思想对于学习 Java 开发尤其重要。面向对象技术是一种将数据抽象和信息隐藏的技术，它使软件的开发更加简单化，不仅符合人们的思维习惯，而且降低了软件的复杂性，同时提高了软件的生产效率，因此得到了广泛的应用。

2.2.1 面向对象的三大特性

几乎所有面向对象的编程设计语言都离不开封装、继承和多态。

1. 封装

面向对象的核心思想就是封装。封装是指将对象的属性和行为进行包装，不需要让外界知道具体实现的细节。封装可以使数据的安全性得到保证，当把过程和数据封装后，只能通过已定义的接口对数据进行访问。

（1）属性：Java 中类的属性的访问权限的默认值不是 private，通过加 private（私有）修饰符来隐藏该属性或方法，从而只能在类的内部进行访问。对于类中的私有属性，要对其给出方法（如 getXxx()、setXxx()）来访问私有属性，保证对私有属性操作的安全性。

（2）方法的封装：对于方法的封装，既需要公开也需要隐藏。方法公开的是方法的声明（定义），只需要知道参数和返回值就可以调用该方法；隐藏方法的实现会使实现的改变对架构的影响最小化。

（3）封装的优点：良好的封装能够减少耦合；类内部的结构可以自由修改；可以对成员变量进行更精确的控制；隐藏信息，实现细节。

2. 继承

继承主要指的是类与类之间的关系。通过继承，可以效率更高地对原有类的功能进行扩展。继承不仅增强了代码的复用性，提高了开发效率，更为程序的修改、补充提供了便利。

Java 中的继承要使用 extends 关键字，并且 Java 中只允许单继承，即一个类只能有一个父类。这样的继承关系呈树状，体现了 Java 的简单性。子类只能继承在父类中可以访问的属性和方法，实际上父类中私有的属性和方法也会被继承，只是子类无法访问。

子类并不能全部继承父类的成员变量或成员方法，规则如下：

（1）能够继承父类的 public 和 protected 成员变量（方法），但不能继承父类的 private 成员变量（方法）。

（2）对于父类的包访问权限成员变量（方法），如果子类和父类在同一个包下，则子类能够继承；否则，子类不能够继承。

（3）对于子类可以继承父类型的成员变量（方法），如果在子类中出现了同名称的成员变量（方法），则会发生隐藏现象，即子类的成员变量（方法）会屏蔽掉父类的同名成员变量（方法）。如果要在子类中访问父类中同名成员变量（方法），则需要使用 super 关键字来进行引用。

3. 多态

多态是同一个行为具有多个不同表现形式或形态的能力。

多态是把子类型对象主观地看作是其父类型的对象，因此其父类型就可以是很多种类型。

多态的特性：对象实例确定则不可改变（客观不可改变）；只能调用编译时的类型所定义的方法；运行时会根据运行时的类型去调用相应类型中定义的方法。

2.2.2　类和对象

类是一个模板，它描述一类对象的行为和状态。

对象是类的一个实例，有状态和行为。

1. 类

1）类的声明

在使用类之前，必须先声明。类的声明格式如下：

```
[标识符] class 类名称
{
    //类的成员变量
    //类的方法
}
```

- 声明类需要使用关键字 class，在 class 之后是类的名称。
- 标识符可以是 public、private、protected 或者完全省略。
- 类名应该是由一个或多个有意义的单词连缀而成，每个单词首字母大写，单词之间不要使用其他分隔符。

2）类的方法

类的方法有四个要素，分别是方法名称、返回值类型、参数和方法体。定义一个方法的语法格式如下：

```
修饰符 返回值类型 方法名称(参数列表)
{
    //方法体
return 返回值;
}
```

方法包含一个方法头和一个方法体。方法头包括修饰符、返回值类型、方法名称和参数列表。

- 修饰符：定义了该方法的访问类型，是可选的。
- 返回值类型：指定了方法返回的数据类型。它可以是任意有效的类型，如果方法没有返回值，则其返回类型必须是 void，不能省略。方法体中的返回值类型要与方法头中定义的返回值类型一致。
- 方法名称：要遵循 Java 标识符命名规范，通常以英文中的动词开头。
- 参数列表：由类型、标识符组成，每个参数之间使用逗号分隔开。方法可以没有参数，但方法名称后面的括号不能省略。
- 方法体：指方法头后{}内的内容，主要用来实现一定的功能。

2. 对象

对象是根据类创建的。在 Java 中，使用关键字 new 来创建一个新的对象。创建对象的过程如下：

（1）声明：声明一个对象，包括对象名称和对象类型。

（2）实例化：使用关键字 new 来创建一个对象。

（3）初始化：使用 new 创建对象时，会调用构造方法初始化对象。

对象（object）是对类的实例化。在 Java 的世界里，“一切皆为对象”，面向对象的核心就是对象。由类产生对象的格式如下：

```
类名 对象名= new 类名();
```

访问对象的成员变量或者方法的格式如下：

```
对象名称.属性名
对象名称.方法名()
```

3. 构造方法

在创建类的对象时，对类中的所有成员变量都要初始化。Java 允许对象在创建时进行初始化，初始化的实现是通过构造方法来完成的。

在创建类的对象时，使用 new 关键字和一个与类名相同的方法来完成，该方法在实例化过程中被调用，成为构造方法。构造方法是一种特殊的成员方法，主要特点如下：

（1）构造方法的名称必须与类的名称完全相同。

（2）构造方法不返回任何数据类型，也不需要使用 void 关键字声明。

（3）构造方法的作用是创建对象并初始化成员变量。

（4）在创建对象时，系统会自动调用类的构造方法。

（5）构造方法一般用 public 关键字声明。

（6）每个类至少有一个构造方法。如果不定义构造方法，Java 将提供一个默认的不带参数且方法体为空的构造方法。

☆**注意**☆　类是对某一类事务的描述，是抽象的、概念上的定义，对象是实际存在的该类事务的个体。对象和对象之间可以不同，改变其中一个对象的某些属性，不会影响到其他的对象。

2.2.3　抽象类和抽象方法

在面向对象中，所有的对象都是通过类来实现的，但是反过来，并不是所有的类都是用来描绘对象的。若一个类中没有包含足够的信息来描绘一个具体的对象，这样的类就是抽象类。抽象方法指一些只有方法声明，而没有具体方法体的方法。抽象方法一般存在于抽象类或接口中。

1. 抽象类

1）抽象类的使用原则

（1）抽象方法必须为 public 或者 protected，默认为 public。

（2）抽象类不能直接实例化，需要依靠子类采用向上转型的方式处理。

（3）抽象类必须有子类，使用 extends 继承，一个子类只能继承一个抽象类。

（4）子类如果不是抽象类，则必须重写抽象类之中的全部抽象方法。

（5）抽象类不能使用 final 关键字声明，因为抽象类必须有子类，而 final 定义的类不能有子类。

2）抽象类在应用的过程中需要注意的事项

（1）抽象类不能被实例化，如果被实例化，就会报错，编译无法通过。只有抽象类的非抽象子类可以创建对象。

（2）抽象类中不一定包含抽象方法，但是有抽象方法的类必定是抽象类。

（3）抽象类中的抽象方法只是声明，不包含方法体，就是不给出方法的具体实现也就是不给出方法的具体功能。

（4）构造方法、类方法（用 static 修饰的方法）不能声明为抽象方法。

（5）抽象类的子类必须给出抽象类中的抽象方法的具体实现，除非该子类也是抽象类。

2. 抽象方法

1）抽象方法的声明

声明一个抽象方法的语法格式如下：

```
abstract 返回类型 方法名([参数表]);
```

☆**注意**☆ 抽象方法没有定义方法体，方法名后面直接跟一个分号，而不是花括号。

2）抽象方法的实现

继承抽象类的子类必须重写父类的抽象方法，否则，该子类也必须声明为抽象类。最终，必须有子类实现父类的抽象方法，否则，从最初的父类到最终的子类都不能用来实例化对象。

2.2.4 接口

接口在 Java 编程语言中是一个抽象类型，是抽象方法的集合，接口通常以 interface 来声明。一个类通过继承接口的方式来继承接口的抽象方法。

1. 接口的声明

```
interface 接口名称 [extends 其他的接口名] {
    //声明变量
    //抽象方法
}
```

2. 接口的实现

当类实现接口时，类要实现接口中所有的方法。否则，类必须声明为抽象类。类使用 implements 关键字实现接口。在类声明中，implements 关键字放在 class 声明后面。

```
class 类名称 implements 接口名称[, 其他接口]{
…
}
```

3. 接口与抽象类的异同

1）相同点

（1）都可以被继承。

（2）都不能被直接实例化。

（3）都可以包含抽象方法。

（4）派生类必须实现未实现的方法。

2）不同点

（1）接口支持多继承；抽象类不能实现多继承。

（2）一个类只能继承一个抽象类，而一个类却可以实现多个接口。

（3）接口中的成员变量只能是 public、static、final 类型的；抽象类中的成员变量可以是各种类型的。

（4）接口只能定义抽象方法；抽象类既可以定义抽象方法，也可以定义实现的方法。

（5）接口中不能含有静态代码块以及静态方法（用 static 修饰的方法）；抽象类可以有静态代码块和静态方法。

2.3 精选面试、笔试题解析

根据前面介绍的 Java 基础知识，本节总结了一些在面试或笔试过程中经常遇到的问题。通过本节的学习，读者将掌握在面试或笔试过程中回答问题的方法。

2.3.1 Java 基本数据类型之间如何转换

题面解析：本题主要考查应聘者对基本数据类型的熟练掌握程度。看到此问题，应聘者需要把关于数据类型的所有知识在脑海中回忆一下，其中包括基本数据类型有哪些、数据类型的作用等，熟悉了数据类型的基本知识之后，数据类型之间的转换问题将迎刃而解。

解析过程：

数据类型之间的转换有两种方式：自动转换和强制转换。

1. 自动转换

自动转换规则：从存储范围小的类型转换到存储范围大的类型，即 byte→short（char）→int→long→float→double。

（1）存储范围小的类型自动转换为存储范围大的类型。如 byte 类型的数据可以赋值给 short、int、long 类型的变量；short、char 类型的数据可以赋值给 int、long 类型的变量；int 类型的数据可以赋值给 long 类型的变量等。

（2）存储范围大的类型转换为存储范围小的类型时，需要加强制转换符。

（3）byte、short、char 之间不会互相转换，并且三者在计算时首先转换为 int 类型。

（4）实数常量默认为 double 类型，整数常量默认为 int 类型。

2. 强制转换

强制转换规则：从存储范围大的类型到存储范围小的类型，即 double→float→long→int→short（char）→byte。

语法格式：

```
(type) value
```

其中，type 是要强制类型转换后的数据类型。

2.3.2 谈谈你对面向对象的理解

题面解析：本题是对面向对象知识点的考查，应聘者在回答该问题时，不能照着定义直接背出来，而是要阐述自己对面向对象概念的理解，另外，还要解释关于面向对象更深一层的含义。

解析过程：

在解释面向对象之前，先介绍一下什么是对象。

在 Java 语言中，把对象当作一种变量，它不仅可以存储数据，还可以对自身进行操作。每个对象都有各自的属性及方法，Java 就是通过对象之间行为的交互来解决问题的。

在我看来，面向对象就是把构成问题的所有事务分解成一个个的对象，建立这些对象去描述某个事务在解决问题中的行为。而类就是面向对象中很重要的一部分，类是很多个具有相同属性和行为特征的对象所抽象出来的，对象是类的一个实例。

类还具有三个特性，即封装、继承和多态。

（1）封装：将一类事务的属性和行为抽象成一个类，只提供符合开发者意愿的公有方法来访问这些数据和逻辑，在提高数据的隐秘性的同时，使代码模块化。

（2）继承：子类可以继承父类的属性和方法，并对其进行拓展。

（3）多态：同一种类型的对象执行同一个方法时可以表现出不同的行为特征。通过继承的上下转型、接口的回调以及方法的重写和重载可以实现多态。

2.3.3　Java 中的访问修饰符有哪些

题面解析：本题主要考查应聘者对修饰符的掌握程度，知道访问修饰符有哪些以及它们的使用范围和区别等。

解析过程：

Java 中有四种访问修饰符，分别为 public、private、protected 和 default。

（1）public：公有的。用 public 修饰的类、属性及方法，不仅可以跨类访问，而且允许跨包（package）访问。

（2）private：私有的。用 private 修饰的类、属性以及方法只能被该类的对象访问，其子类不能访问，更不允许跨包访问。

（3）protected：介于 public 和 private 之间的一种访问修饰符。用 protected 修饰的类、属性以及方法只能被类本身的方法及子类访问，即使子类在不同的包中也可以访问。

（4）default：默认访问模式。在该模式下，只允许在同一个包中进行访问。

☆**注意**☆　protected 修饰符所修饰的类属于成员变量和方法，只可以被子类访问，而不管子类是不是和父类位于同一个包中。default 修饰符所修饰的类也属于成员变量和方法，但只可被同一个包中的其他类访问，而不管其他类是不是该类的子类。protected 属于子类限制修饰符，而 default 属于包限制修饰符。

2.3.4　重载和重写

试题题面：什么是方法的重载和重写？它俩之间有什么区别？

题面解析：本题属于对概念类知识的考查，在解题的过程中需要先解释方法重载和重写的概念，然后介绍各自的特点，最后再分析方法重载和重写之间的区别。

解析过程：

1. 方法重载

构成方法重载的必要条件：定义在同一个类中，方法名相同，参数的个数、顺序、类型不同构成重载。

方法重载的目的：解决参数的个数、类型、顺序不一致，但功能一致、方法名一致的重名问题的情况。

方法重载的特点有以下几点：

（1）发生在同一个类中。

（2）方法名称相同（参数列表不同）。

（3）参数的个数、顺序、类型不同。

（4）和返回值类型以及访问权限修饰符、异常声明没有关系。

（5）重载是多态的一种表现形式。

（6）重载的精确性原则，就是赋给变量值的时候要按照变量的规则赋值。

2. 方法重写

如果从父类继承的方法不能满足子类的需求，可以对其进行改写，这个过程称为方法的重写。

方法重写的目的：父类的功能实现无法满足子类的需求，需要重写。

方法重写的特点：

（1）发生在具有子父类两个关系的类中。

（2）方法名称相同。

（3）参数的列表完全相同。

（4）返回值类型可以相同或者是其子类。

（5）访问权限修饰符不能够严于父类。

（6）重写是多态的必要条件。

（7）抛出的异常不能比父类的异常大。

（8）私有修饰的方法不能够被继承，就更不可能被重写。

（9）构造方法不能被重写。

2.3.5 什么是构造方法

题面解析：本题主要考查应聘者对 Java 中构造方法的理解，因此应聘者不仅需要知道什么是构造方法、构造方法有哪些特点，而且还要知道怎样使用构造方法。

解析过程：

构造方法是指定义在 Java 类中的用来初始化对象的方法。通常使用“new+构造方法”的方式来创建新的对象，还可以给对象中的实例进行赋值。

1. 构造方法的语法规则

（1）方法名必须与类名相同。

（2）无返回值类型，不能使用 void 进行修饰。

（3）可以指定参数，也可以不指定参数；分为有参构造方法和无参构造方法。

例如，调用构造方法：

```
Student s1;
s1 = new Student();//调用构造方法
```

2. 构造方法的特点

（1）当没有指定构造方法时，系统会自动添加无参的构造方法。

（2）构造方法可以重载：方法名相同，但参数不同的多个方法，调用时会自动根据不同的参数选择相应的方法。

（3）构造方法是不被继承的。

（4）当手动指定了构造方法时，无论是有参的还是无参的，系统都将不会再添加无参的构造方法。

（5）构造方法不但可以给对象的属性赋值，还可以保证给对象的属性赋一个合理的值。

（6）构造方法不能被 static、final、synchronized、abstract 和 native 修饰。

2.3.6　局部变量与成员变量有什么区别

题面解析：本题主要考查局部变量和成员变量的区别，应聘者需要掌握变量的基础知识，包括什么是变量、什么是常量、变量的命名规则以及它们之间的区别等内容。看到问题时，应聘者脑海中要快速想到关于变量的各个知识点，以至于能够快速、准确地回答出该问题。

解析过程：

局部变量是指在方法或者方法代码块中定义的变量，其作用域是其所在的代码块。

成员变量是指在类的体系结构的变量部分中定义的变量。

局部变量和成员变量的区别：

（1）定义的位置。

局部变量：定义在方法的内部。

成员变量：定义在方法的外部，即直接写在类中。

（2）作用范围。

局部变量：只适用于方法中，描述类的公共属性。

成员变量：整个类中都可以通用。

（3）默认值（初始化）。

局部变量：没有默认初始值，需要手动进行赋值之后才能使用。

成员变量：有默认初始值，如 int 类型的默认值为 0；float 类型的默认值为 0.0f；double 类型的默认值为 0.0。

（4）内存的位置。

局部变量：位于栈内存。

成员变量：位于堆内存。

（5）生命周期。

局部变量：在调用对应的方法时，局部变量因为执行创建语句而存在，超出自己的作用域之后会立即从内存消失。

成员变量：成员变量随着对象的创建而创建，随着对象的消失而消失。

2.3.7 解释一下 break、continue 以及 return 的区别

题面解析：本题是在笔试中出现频率较高的一道题，主要考查应聘者是否掌握循环控制语句的使用。在解答本题之前需要知道 break、continue 和 return 的用法，经过对比，进而就能够很好地回答本题。

解析过程：

1. break

break 用于完全结束一个循环，跳出循环体。无论是哪种循环，只要在循环体中有 break 出现，系统会立刻结束循环，开始执行循环之后的代码。

break 不仅可以结束其所在的循环，还可结束其外层循环。在结束外层循环时，需要在 break 后加一个标签，这个标签用于标识外层循环。Java 中的标签就是一个紧跟着英文冒号（:）的标识符，且必须把它放在循环语句之前才有作用。例如：

```
for (int i = 0 ; i < 10 ; i++ ){
      //内层循环
      for (int j = 0; j < 5 ; j++ ){
          System.out.println("i 的值为:" + i + " j 的值为:" + j);
      if (j == 1){
     //跳出 outer 标签所标识的循环
          break outer;
        }
      }
}
```

2. continue

continue 用于终止本次循环，继续开始下次循环。continue 后的循环体中的语句不会继续执行，下次循环和循环体外面的语句都会执行。

continue 的功能和 break 有相似的地方，但区别是 continue 只是终止本次循环，接着开始下一次循环，而 break 则是完全中止循环。例如：

```
//简单的 for 循环
for (int i = 0; i < 5 ; i++ ){
        System.out.println("i 的值是" + i);
     if (i == 2){
        //忽略本次循环的剩下语句
        continue;
       }
        System.out.println("continue 后的输出语句");
}
```

3. return

return 并不是用于跳出循环，而是结束一个方法。如果在循环体内的一个方法内出现 return 语句，则 return 语句将会结束该方法，紧跟着循环也就结束。与 continue 和 break 不同的是，return 将直接结束整个方法，不管这个 return 处于多少层循环之内。例如：

```
for (int i = 0; i < 5 ; i++ ){
      System.out.println("i 的值是" + i);
      if (i == 2){
        return;
      }
```

```
    System.out.println("return 后的输出语句");
}
```

2.3.8　Java 中的基本数据类型有哪些

题面解析：本题通常出现在面试中，考官提问该问题主要是想考查应聘者对基本数据类型的熟悉程度。数据类型是 Java 最基础的知识，只有掌握了基础知识，才能在以后的开发工作中应用自如。

解析过程：

Java 中的基本数据类型分为整数类型、浮点数类型、字符类型和布尔类型四种。

1. 整数类型

1）byte

byte 是数据类型为 8 位、有符号、以二进制补码表示的整数，用于表示最小数据单位；取值范围为-2^7～2^7-1，其中默认值为 0。

2）short

short 是数据类型为 16 位、有符号、以二进制补码表示的整数；取值范围为-2^{15}～$2^{15}-1$，其中默认值为 0。

3）int

int 是数据类型为 32 位、有符号、以二进制补码表示的整数；取值范围为-2^{31}～$2^{31}-1$，其中默认值为 0；一般整型变量默认为 int 类型。

4）long

long 是数据类型为 64 位、有符号、以二进制补码表示的整数；取值范围为-2^{63}～$2^{63}-1$，其中默认值为 0L；long 主要使用在需要比较大整数的系统上。

2. 浮点数类型

1）float

float 是数据类型为单精度、32 位、符合 IEEE 754 标准的浮点数，其中默认值为 0.0f。

浮点数不能用来表示精确的值。

2）double

double 是数据类型为双精度、64 位、符合 IEEE 754 标准的浮点数，其中默认值为 0.0d；浮点数的默认类型为 double 类型，double 类型同样不能表示精确的值。

3. 字符类型

字符类型是一个单一的 16 位的 Unicode 字符；取值范围为\u0000（0）～\uffff（65535）。

char 数据类型可以存储任何字符，但需要注意不能为 0 个字符。

4. 布尔类型

布尔（boolean）数据类型表示一位的信息；boolean 数据类型只有 true 和 false 两个值，只作为一种标志来记录 true/false 的情况，其中默认值为 false。

2.3.9 Java 中 this 的用法

题面解析：本题不仅会出现在笔试中，而且在以后的开发过程中也会经常遇到。因此掌握 this 的用法是非常重要的。

解析过程：

this 在类中代表当前对象，可以通过 this 关键字完成当前对象的成员属性、成员方法和构造方法的调用。

Java 的关键字 this 只能用于方法体内。当一个对象创建后，Java 虚拟机就会给这个对象分配一个引用自身的指针，这个指针的名字就是 this。因此，this 只能在类中的非静态方法中使用，静态方法和静态的代码块中绝对不能出现 this，并且 this 只和特定的对象关联，而不和类关联，同一个类的不同对象有不同的 this。

那么什么时候使用 this 呢？

当在定义类中的方法时，如果需要调用该类对象，就可以用 this 来表示这个对象。

this 的作用：

（1）表示对当前对象的引用。

（2）表示用类的成员变量，而非函数参数。

（3）用于在构造方法中引用满足指定参数类型的构造方法，只能引用一个构造方法且必须位于开始的位置。

2.3.10 接口和抽象类

试题题面：接口是否可以继承接口？抽象类是否可实现接口?抽象类是否可继承实体类？

题面解析：本题属于在笔试中高频出现的问题之一，主要考查关于接口和抽象类的知识点，在解答本题之前需要了解什么是接口、什么是抽象类、什么是抽象方法，同时还需要把接口和抽象类区分开来，以防混淆。

解析过程：

- 接口。接口属于一种约束形式，只包括成员定义，不包含成员实现的内容。
- 抽象类。抽象类主要是针对看上去不同但是本质上相同的具体概念的抽象。抽象类不能用来实例化对象，声明抽象类的唯一目的是将来对该类进行扩充。一个类不能同时被 abstract 和 final 修饰。如果一个类包含抽象方法，那么该类一定要声明为抽象类，否则将出现编译错误。
- 抽象方法。抽象方法是指一些只有方法声明而没有具体方法体的方法。抽象方法一般存在于抽象或接口中。抽象方法不能被声明成 final 和 static；任何继承抽象类的子类必须实现父类的所有抽象方法，除非该子类也是抽象类；如果一个类包含若干个抽象方法，那么该类必须声明为抽象类，但抽象类可以不包含抽象方法；抽象方法的声明以分号结尾。

（1）接口可以继承（extends）接口。通过关键字 extends 声明一个接口是另一个接口的子接口。由于接口中的方法和常量都是 public，子接口将继承父接口中的全部方法和常量。例如：

```
public interface InterfaceA{
}
interface InterfaceB extends InterfaceA{
```

```
}
```

（2）抽象类可以实现（implements）接口。当一个类声明实现一个接口而没有实现接口中所有的方法，那么这个必须是抽象类，即 abstract 类。例如：

```
public interface InterfaceA{
}
abstract class TestA implements InterfaceA{
}
```

（3）抽象类可继承（extends）实体类，但前提是实体类必须有明确的构造函数。例如：

```
public class TestA{
}
abstract class TestB extends TestA{
}
```

2.4　名企真题解析

接下来，我们收集了一些各大企业往年的面试及笔试题，读者可以根据以下题目来作参考，看自己是否已经掌握了基本的知识点。

2.4.1　值传递和引用传递

【选自 WR 笔试题】

试题题面： 当一个对象被当作参数传递到一个方法后，此方法可改变这个对象的属性，并可返回变化后的结果，那么这里到底是按值传递还是按引用传递？

题面解析： 本题题目比较长，有些读者可能觉着回答很费劲。其实可以换一种方式来想该问题，即 Java 中是按值传递还是引用传递？本题的重点是在最后的按值传递还是按引用传递。接下来详细讲解按值传递和按引用传递。

解析过程：

先来讲解一下什么是值传递和引用传递。

（1）值传递：在方法调用时，实际参数（即实参）把它的值传递给对应的形式参数（即形参），方法执行中，对形式参数值的改变不影响实际参数的值。

按值传递就是将一个参数传递给一个函数时，函数接收的是原始值的一个副本。因此，如果函数修改了该参数，仅改变副本，而原始值保持不变。

（2）引用传递：也称为传地址。方法调用时，实际参数的引用被传递给方法中相对应的形式参数，在方法执行中，对形式参数的操作实际上就是对实际参数的操作，方法执行中形式参数值的改变将会影响实际参数的值。

按引用传递是当将一个参数传递给一个函数时，函数接收的是原始值的内存地址，而不是值的副本。因此，如果函数修改了该参数的值，调用代码中的原始值也随之改变。如果函数修改了该参数的地址，调用代码中的原始值不会改变。

在 Java 中只有值传递参数。

（1）当一个对象实例作为一个参数被传递到方法中时，参数的值就是该对象引用的一个副本。对象的内容可以在被调用的方法中改变，但对象的引用是不会发生改变的。

Java 中没有指针，因此没有引用传递。但可以通过创建对象的方式来实现引用传递。

（2）在 Java 中只会传递对象的引用，按引用传递对象。

（3）在 Java 中按引用传递对象并不意味着会按引用传递参数。参数可以是对象引用，而 Java 是按值传递对象引用的。

（4）Java 中的变量可以为引用类型和基本类型。当作为参数传递给一个方法时，处理这两种类型的方式是相同的，两种类型都是按值传递。

2.4.2 什么是类的反射机制

【选自 GG 面试题】

题面解析：本题主要考查 Java 中的反射机制，我们需要知道什么是反射机制、反射机制的功能都有哪些，另外就是怎样运用反射机制来创建类的对象等。全面地了解该问题所涉及的知识，回答问题会更加容易。

解析过程：

反射机制是 Java 语言中的一个重要的特性，反射机制不仅允许程序在运行时进行自我检查，而且还允许对其内部的成员进行操作。由于反射机制在运行时能够实现对类的装载，因此能够提高程序的灵活性，但是如果使用反射机制的方法不当，则可能会严重影响系统的性能。

反射机制提供的功能如下：

（1）得到一个对象所属的类。

（2）获取一个类的所有成员变量和方法。

（3）在运行时创建对象。

（4）在运行时调用对象的方法。

反射机制最重要的一个作用就是可以在运行时动态地创建类的对象，其中 Class 类是反射机制中最重要的类。

获取 Class 类的方法如下：

```
(1) Class class1 = Class.forName("com.reflection.User");
(2) Class class2 = User.class;
(3) User user = new User();
    Class class3 = user.getClass();
```

获取对象实例的方法如下：

```
(1) user1 = (User)class1.newInstance();
    user1.setName("a");
    user1.setAge("15");
(2) Constructor constructor = class2.getConstructor(String.class, Integer.class);
    user2 = (User)constructor.newInstance("b", 11);
```

2.4.3 Java 创建对象的方式有哪几种

【选自 BD 面试题】

题面解析：本题也是在大型企业的面试中最常问的问题之一，主要考查创建对象的方式。

解析过程：

共有四种创建对象的方法。

（1）通过 new 语句实例化一个对象。

使用 new 关键字创建对象是最常见的一种方式，但是使用 new 创建对象会增加耦合度。在使用 new 时需要先查看 new 后面的类型，然后再决定分配多大的内存空间；接着可以通过调用构造函数，来对对象的各个域进行填充；根据构造方法的返回值进行对象的创建，最后把引用地址传递给外部。例如：

```
package test;
/**使用 new 关键字创建对象*/
public class NewClass
{
    public static void main(String[] args)
    {
        Hello h = new Hello();
        h.sayWorld();
    }
}
```

（2）通过反射机制创建对象。

使用反射机制的 Class 类的 newInstance()方法。

（3）通过 clone()方法创建一个对象。

在使用 clone()方法时，不会调用构造函数，而是需要有一个分配了内存的源对象。在创建新对象时，首先应该分配一个和源对象一样大的内存空间。

（4）通过反序列化的方式创建对象。

序列化就是把对象通过流的方式存储到文件里面，那么反序列化就是把字节内容读出来并还原成 Java 对象，这里还原的过程就是反序列化。在使用反序列化时也不会调用构造方法。

第3章

字符串

本章导读

本章主要是带领读者学习关于 Java 字符串的相关知识，以及在面试、笔试过程中常出现的问题。本章首先针对字符串基础知识的详解，然后讲解搜集了关于字符串的常见的面试、笔试题，在本章的最后精选了各大企业的面试、笔试真题，并进行分析与解答。

知识清单

本章要点（已掌握的在方框中打钩）

- □ 字符串的创建
- □ 字符串的基本操作
- □ 字符串的类型转换

3.1　字符串核心知识

本节主要讲解 Java 中的字符串的创建、基本操作、类型转换以及字符串在实际操作中的应用等问题。能够理解问题的要求、掌握这些基础知识并且能够做到举一反三，读者才能在面试及笔试中应对自如。

3.1.1　String 类

String 类的本质就是字符数组，String 类是 Java 中的文本数据类型。字符串是由字母、数字、汉字以及下画线组成的一串字符。字符串常量是用双引号表示的内容。String 类是 Java 中比较特殊的一类，但它不是 Java 的基本数据类型之一，却可以像其他基本数据类型一样使用，声明与初始化等操作都是相同的，是程序经常处理的对象，因此掌握好 String 的用法对我们后面的学习会有所帮助。

3.1.2 字符串的创建

String 类的创建有两种方式：一种是直接使用双引号赋值；另一种是使用 new 关键字创建对象。

1. 直接创建

直接使用双引号为字符串常量赋值，语法格式如下：

```
String 字符串名 ="字符串";
```

- 字符串名：一个合法的标识符。
- 字符串：由字符组成。

具体代码如下：

```
String s = "hello java";
```

2. 使用 new 关键字创建

在 Java 中用 String 类中有多种重载的构造方法，可以通过 new 关键字调用 String 类的构造方法创建字符串。

1）public String()方法

这种方法初始化一个新创建 String 类对象，使它表示一个空字符序列。由于 String 是不可改变的，因此这种创建方法我们几乎不使用。

使用 String()方法创建空字符串，具体代码如下：

```
String s = new String();
```

☆**注意**☆　使用 String 类创建的空字符串，它的值不是 null，而是" "，它是实例化的字符串对象，不包括任何字符。

2）public String(String original)方法

该方法初始化一个新创建的 String 类对象，使其表示一个与参数相同的字符序列，即创建该参数字符串的副本。由于 String 类是不可变的，因此这种构建方法一般不常用，除非需要显示 original 的显式副本。

使用一个带 String 型参数的构造函数创建字符串，具体代码如下：

```
String s = new String("hello");
```

3）public String(char[] value)方法

该方法分配一个新的 String 类对象，使其表示字符数组参数中当前包括的字符序列。该字符数组的内容已经被复制，后续对字符数组的修改不会影响新建的字符串。字符数组 value 的值是字符串的初始值。

使用一个带 char 型数组参数的构造函数创建字符串，具体代码如下：

```
char a[] = {'h','e','l','l','o'};
String s = new String(a);
```

4）public String(char[]，value，int，offset，count)方法

该方法是分配一个新的 String 类对象，它包含取自字符数组参数的一个子数组的字符。offset 参数是子数组第一个字符的索引，count 参数指定子数组的长度。该子数组的内容已经被复制，后续对字符数组的修改不会影响新创建的字符串。

使用带有 3 个参数的构造函数创建字符数组，具体代码如下：

```
char[] a= {'s','t','u','d','e','n','t'};
String s = new String(a, 2, 4);
a[3]='u',
```

3.1.3 连接字符串

连接字符串是字符串操作中最简单的一种。通过字符串连接，可以将两个或多个字符串、字符、整数和浮点数等类型的数据连成一个更大的字符串。字符串的连接有两种方法：一种是使用“+”，另一种是使用 String 提供的 concat()方法。

1. 使用“+”连接字符串

“+”运算符是最简单、快捷，也是使用最多的字符串连接方式。在使用“+”运算符连接字符串和 int 型（或 double 型）数据时，“+”将 int（或 double）型数据自动转换成 String 类型。

下面的实例使用“+”运算符连接了 3 个数组和 1 个字符串。

```
public static void main(String[] args)
{
    int[] no=new int[]{51,11,24,12,34};                              //定义学号数组
    String[] names=new String[]{"张宁","刘丽","李旺","孟霞","贺一"};  //定义姓名数组
    String[] classes=newString[]{"数学","语文","数学","英语","英语"}; //定义课程数组
    System.out.println("本次考试学生信息如下：");
    //循环遍历数组，连接字符串
    for (int i=0;i<no.length;i++)
    {
        System.out.println("学号："+no[i]+"|姓名："+names[i]+"|课程："+dasses[i]+"|班级：
        "+"九年级");
    }
}
```

上述代码首先创建了 3 个包含有 5 个元素的数组，然后循环遍历数组，遍历的次数为 5。在循环体内输出学号、姓名和课程，并使用“+”运算符连接班级最终形成一个字符串。程序运行后输出结果如下：

```
本次考试学生信息如下：
学号：51|姓名：张宁|课程：数学|班级：九年级
学号：11|姓名：刘丽|课程：语文|班级：九年级
学号：24|姓名：李旺|课程：数学|班级：九年级
学号：12|姓名：孟霞|课程：英语|班级：九年级
学号：34|姓名：贺一|课程：英语|班级；九年级
```

☆**注意**☆ 当定义的字符串值的长度过长时，可以分多行来写，这样比较容易阅读。

2. 使用 concat()方法

在 Java 中，String 类的 concat()方法实现了将一个字符串连接到另一个字符串后面的方法。concat()方法语法格式如下：

```
字符串 1 concat (字符串 2);
```

执行结果是字符串 2 被连接到字符串 1 后面，形成新的字符串。

如 concat()方法的语法所示，concat()方法一次只能连接两个字符串，如果需要连接多个字符串，需要多次调用 concat()方法。

下面创建一个实例代码来演示如何使用 concat()方法连接多个字符串。

```
public static void main(String[] args)
{
    String info="python";
    info=info.concat("java、");
    info=info.concat("c、");
    info=info.concat("html");
    System.out.println(info);
    String cn="中国";
    System.out.println(cn.concat("河南").concat("郑州").concat("聚慕课"));
}
```

执行该段代码，输出的结果如下：

```
python、java、c、html
中国河南郑州聚慕课
```

3.1.4　字符串的基本操作

在程序中我们经常对字符串进行一些基本的操作，接下来将从以下几个方面介绍字符串的基本操作。

1. String 基本操作方法

1）获取字符串长度方法 length()

```
int length=str.length();
```

2）获取字符串中的第 i 个字符方法 charAt(i)

```
char ch = str.charAt(i);  //i 为字符串的索引号，可得到字符串任意位置处的字符，保存到字符变量中
```

3）获取指定位置的字符方法 getChars(4 个参数)

```
char array[] = new char[80];  //先要创建以一个容量足够大的 char 型数组，数组名为 array
str.getChars(indexBegin,indexEnd,array,arrayBegin);
```

2. 字符串比较

字符串比较也是常见的操作，包括比较大小、比较相等、比较前缀和后缀等。

1）比较大小

具体代码如下：

```
compare to (string)
compare to IgnoreCase(String)
compare to (object string)
```

该示例通过使用上面的函数比较两个字符串，并返回一个 int 类型数据。若字符串等于参数字符串则返回 0；若字符串小于参数字符串则返回值小于 0；若字符串大于参数字符串则返回值大于 0。

2）比较相等

具体代码如下：

```
String a=new String("abc");
String b=new String("abc");
a.equals(b);
```

如果两个字符串相等则返回的结果为 true，否则返回的结果为 false。

3）比较前缀和后缀

startsWith()方法测试字符串是否以指定的前缀开始，endsWith()方法测试字符串是否以指定的后缀结束。具体代码如下：

```
public boolean startsWith(String prefix)
public boolean endsWith(String suffix)
```

在上述代码中，boolean 为返回值类型；prefix 为指定的前缀；suffix 为指定的后缀。

3. 字符串的查找

有时候需要在一段很长的字符串中查找其中一部分字符串或者某个字符，String 类恰恰提供了相应的查找方法。字符串查找分为两类：查找字符串和查找单个字符。查找又可分为查找对象在字符串中第一次出现的位置和最后一次出现的位置。

1）查找字符出现的位置

（1）indexOf()方法。

```
str.indexOf(ch);
str.indexOf(ch,fromIndex); //包含 fromIndex 位置
```

返回指定字符在字符串中第一次出现位置的索引。返回指定索引位置之后第一次出现该字符的索引号。

（2）lastIndexOf()方法。

```
str.lastIndexOf(ch);
str.lastIndexOf(ch,fromIndex);
```

返回指定字符在字符串中最后一次出现位置的索引。返回指定索引位置之前最后一次出现该字符的索引号。

2）查找字符串出现的位置

（1）indexOf()方法。

```
str.indexOf(str);
str.indexOf(str,fromIndex);
```

返回指定子字符串在字符串中第一次出现位置的索引。返回指定索引位置之前第一次出现该子字符串的索引号。

（2）lastIndexOf()方法。

```
str.lastIndexOf(str);
str.lastIndexOf(str,fromIndex);
```

返回指定子字符串在字符串中最后一次出现位置的索引。返回指定索引位置之前最后一次出现该子字符串的索引号。

3.1.5 字符串的类型转换

有时候需要在字符串与其他数据类型之间转换，例如将字符串类型数据变为整型数据，或者反过来将整型数据变为字符串类型数据，"20"是字符串类型数据，20 就是整型数据。我们都知道整型和浮点型之间可以利用强制类型转换和自动类型转换两种机制实现两者之间的转换，那么"20"和 20 这两种属于不同类型的数据就需要用到 String 类提供的数据类型转换方法了。

由于数据类型较多，因而转换使用的方法也比较多，如表 3-1 所示。

表 3-1 字符串的类型转换

数 据 类 型	字符串转换为其他数据类型的方法	其他数据类型转换为字符串的方法 1	其他数据类型转换为字符串的方法 2
byte	Byte.parseByte(str)	String.valueOf([byte] bt)	Byte.toString([byte] bt)
int	Integer.parseInt(str)	String.valueOf([int] i)	Int.toString([int] i)
long	Long.parseLong(str)	String.valueOf([long] l)	Long.toString([long] l)
double	double.parseDouble(str)	String.valueOf([double] d)	Double.toString([double] b)
float	Float.parseFloat(str)	String.valueOf([float] f)	Float.toString([float] f)
char	str.charAt()	String.valueOf([char] c)	Character.toString([char] c)
boolean	Boolean.getBoolean(str)	String.valueOf([boolean] b)	Boolean.toString([boolean] b)

3.2 精选面试、笔试题解析

根据前面介绍字符串的基础知识，本节总结了一些在面试或笔试过程中经常遇到的问题。通过本节的学习，读者将掌握在面试或笔试过程中回答问题的方法。

3.2.1 String 是最基本的数据类型吗

题面解析：本题是在面试题中一种比较基础的面试题，主要考查应聘者对字符串的数据类型的掌握程度。应聘者需要知道 Java 中都有哪些数据类型，然后才能够更好地回答本题。

解析过程：

String 不是基本的数据类型。

基本数据类型包括 byte、int、char、long、float、double、boolean 和 short。引用数据类型包括类、数组、接口等（简单来说就是除了基本数据类型之外的所有类型），因此 String 是引用数据类型。

3.2.2 StringBuffer 和 StringBuilder 有什么区别

题面解析：本题是在笔试中出现频率较高的一道题，主要考查应聘者是否掌握字符串的使用。在解答本题之前需要知道 StringBuffer 和 StringBuilder 的用法，经过对比，进而就能够很好地回答本题。

解析过程：

1. StringBuffer

StringBuffer 对象代表一个字符序列可变的字符串，当一个 StringBuffer 被创建以后，通过 StringBuffer 提供的 append()、insert()、reverse()、setCharAt()和 setLength()等方法可以改变这个字符串对象的字符序列。一旦通过 StringBuffer 生成了最终想要的字符串，就可以调用它的 toString()方法将其转换为一个 String 对象。例如：

```
StringBuffer b = new StringBuffer("123");
```

```
b.append("456");
System.out.println(b);
//b 打印结果为: 123456
```

所以说 StringBuffer 对象是一个字符序列可变的字符串，它没有重新生成一个对象，而且在原来的对象中可以连接新的字符串。

2. StringBuilder

StringBuilder 类也代表可变字符串对象。实际上，StringBuilder 和 StringBuffer 基本相似，两个类的构造器和方法也基本相同。不同的是：StringBuffer 是线程安全的，而 StringBuilder 则没有实现线程安全功能，所以性能略高。因此，StringBuffer 类中的方法都添加了 synchronized 关键字，也就是给这个方法添加了一个锁，用来保证线程的安全。

由上述对两者的介绍可知 StringBuffer 和 StringBuilder 非常类似，均代表可变的字符序列，这两个类都是抽象类。

StringBuilder：适用于单线程下在字符缓冲区进行大量操作的情况；

StringBuffer：适用于多线程下在字符缓冲区进行大量操作的情况。

在运行速度方面，tringBuilder>StringBuffer。

String 为字符串常量，而 StringBuilder 和 StringBuffer 均为字符串变量，即 String 对象一旦创建之后该对象是不可更改的，但后两者的对象是变量，是可以更改的。

而 StringBuilder 和 StringBuffer 的对象是变量，对变量进行操作就是直接对该对象进行更改，而不进行创建和回收的操作，所以速度要比 String 快很多。

在线程安全方面，StringBuilder 的线程是不安全的，而 StringBuffer 的线程是安全的。

一个 StringBuffer 对象在字符串缓冲区被多个线程使用时，StringBuffer 中很多方法都带有 synchronized 关键字，所以可以保证线程是安全的，但 StringBuilder 的 append()方法中没有 synchronized 关键字，所以不能保证线程安全。

所以如果要进行的操作是多线程的，那么就要使用 StringBuffer，但是在单线程的情况下，还是建议使用速度比较快的 StringBuilder。

3.2.3 统计字符中的字母、空格、数字和其他字符个数

题面解析：本题属于算法计算题，主要考查应聘者对字符串的灵活运用。在解答本题之前需要知道英文字母、空格、数字和其他字符的区别和表示方法，然后通过对字符串进行遍历，从而就能够很好地回答本题。

解析过程：

英文字母包括 a～z（小写）、A～Z（大写），数字为 0～9，空格为 blank，除此之外的都是其他字符，所以先确定好所求问题的范围解答。输入一行字符，分别统计出其中英文字母、空格、数字和其他字符的个数，用 Java 语言写出相应的代码如下：

```
public static void main(String[] args) {
      int digital = 0;
      int character = 0;
      int other = 0;
      int blank = 0;
      char[] ch = null;
      Scanner sc = new Scanner(System.in);
```

```
        String s = sc.nextLine();
        ch = s.toCharArray();
        for(int i=0; i<ch.length; i++) {
        if(ch[i] >= '0' && ch[i] <= '9') {
         digital ++;
         } else if((ch[i] >= 'a' && ch[i] <= 'z') || ch[i] > 'A' && ch[i] <= 'Z') {
         character ++;
         } else if(ch[i] == ' ') {
         blank ++;
         } else {
         other ++;
         }
         }
         System.out.println("英文字母个数: " + character);
         System.out.println("空格个数: " + blank);
         System.out.println("数字个数: " + digital);
         System.out.println("其他字符个数: " + other );
    }
```

当我们输入一串字符时，可以计算出我们想要的结果。运行结果如下：

```
输入字符串: 1234jumuke  %￥
英文字母个数: 6
空格个数: 2
数字个数: 4
其他字符个数: 2
```

3.2.4　比较两个字符串是否相等

题面解析： 本题是在笔试中出现频率较高的一道题，主要考查应聘者对字符串比较的灵活运用。在解答本题之前需要知道怎样比较字符串、什么情况下字符串是相等的，进而就能够很好地回答本题。

解析过程：

通俗地说，当两个字符串完全一样时，就表示两个字符串是相等的。以下介绍两种方法。

1. 用 if(str1==str2)方法

这种写法在 Java 中可能会带来问题。

（1）代码如下：

```
String a="abc";String b="abc"
```

那么 a==b 将返回 true。因为在 Java 中字符串的值是不可改变的，相同的字符串在内存中只会存一份，所以 a 和 b 指向的是同一个对象。

（2）代码如下：

```
String a=new String("abc");
String b=new String("abc");
```

那么 a==b 将返回 false，此时 a 和 b 指向不同的对象。

2. 用 equals()方法

用该方法比较的是字符串的内容是否相同，代码如下：

```
String a=new String("abc");
String b=new String("abc");
a.equals(b);
```

如果字符串的内容相同则返回 true，否则返回 false。

3.2.5 String 在 Java 中是不可变的吗

题面解析：本题也是在大型企业的面试中最常问的问题之一，主要是针对 Java 中字符串的基础定义进行解释。

解析过程：

什么是不可变对象？不可变对象有什么好处？在什么情景下使用它？或者更具体一点，Java 的 String 类为什么要设置成不可变类型？

1. 不可变对象

不可变对象，顾名思义就是创建后的对象不可以改变，典型的例子有 Java 中的 String 类型。

2. 不可变对象的优势

相比于可变对象，不可变对象有很多优势：

（1）不可变对象可以提高 String Pool（字符串常量池）的效率和安全性。如果知道一个对象是不可变动的，那么需要复制对象的内容时就不用复制它本身而只是复制它的地址，复制地址（通常一个指针的大小）需要很小的内存，效率也很好。并且对于其他引用同一个对象的其他变量也不会造成影响。

（2）可不变对象对于多线程是安全的，因为在多线程同时进行的情况下，一个可变对象的值很可能被其他线程改变，这样会造成不可预期的结果，使用不可变对象就可以避免这种情况出现。

Java 将 String 类设成不可变对象最大的原因是效率和安全。

3. 不可变对象的实现

那么不可变类型到底是怎么实现的呢？

1）字符串常量池的需要

字符串常量池是 Java 堆内存中一个特殊的存储区域，当创建一个 String 对象时，假如此字符串值已经存在于常量池中，则不会创建一个新的对象，而是引用已经存在的对象。

代码如下：

```
String s1 = "ABC";
String s2 = "ABC";
```

在 Java 中内存分为堆内存和栈内存，堆内存存放的是对象，栈内存存储对象的引用，字符串"ABC"存放在堆内存中，而 s1,s2 作为对象的引用则存放在栈内存中。

假设字符串对象允许改变，那么将会导致各种逻辑错误。比如改变一个对象却影响到另外一个独立的对象。

思考：以下代码，s1 和 s2 还会指向同一个对象吗？

```
String s1 = "AB"+"C";
String s2 = "A"+"BC";
```

也许很多新手都会觉得不是指向同一个对象，但是考虑到现代编译器会进行常规的优化，所以它们都会指向常量池中的同一个对象。

2）运行 String 对象缓存哈希码

Java 中 String 对象的哈希码被频繁地使用，比如在 Hash Map 的容器中。

字符串不变性保证了哈希码的唯一性，因此可以放心地进行缓存，这也是一种性能优化手段，意味着不必每次都去计算新的哈希码，在 String 类的定义中有如下代码：

```
private int hash;//用来缓存哈希码
```

3）安全性

String 被许多的 Java 类（库）用来当参数，例如网络连接地址 URL、文件路径 path，还有反射机制所需要的 String 参数等，假若 String 不是固定不变的，将会引起各种安全隐患。

总体来说，String 不可变的原因包括设计考虑、效率优化问题以及安全性这三大方面。

4. String 类不可变的好处

（1）只有当字符串是不可变的时，字符串池才有可能实现。字符串池的实现可以在运行时节约很多空间，因为不同的字符串变量都指向池中的同一个字符串。但如果字符串是可变的，那么 String interning（String interning 是指对不同的字符串仅仅只保存一个，即不会保存多个相同的字符串）将不能实现，因为这样的话，如果变量改变了它的值，那么其他指向这个值的变量的值也会一起改变。

（2）如果字符串是可变的，那么会引起很严重的安全问题。例如，数据库的用户名、密码都是以字符串的形式传入来获得数据库的连接，或者在 Socket 编程中，主机名和端口都是以字符串的形式传入。因为字符串是不可变的，所以它的值是不可改变的，否则黑客们可以钻到空子，改变字符串指向的对象的值，从而造成安全漏洞。

（3）因为字符串是不可变的，所以是多线程安全的，同一个字符串实例可以被多个线程共享。这样便不用因为线程安全问题而使用同步。字符串自己便是线程安全的。

（4）类加载器要用到字符串，为不可变性提供了安全性，以便正确的类被加载。如果想加载 java.sql.Connection 类，而这个值被改成了 myhacked.Connection，那么会对数据库造成不可知的破坏。

（5）因为字符串是不可变的，所以在它创建的时候哈希码就被缓存了，不需要重新计算。这就使得字符串很适合作为Map中的键，字符串的处理速度要快过其他键对象。这就是HashMap中的键往往都使用字符串的原因。

3.2.6　格式化字符串的方法

题面解析：本题也是对字符串知识的考查，主要考查应聘者是否掌握格式化字符串的方法。在解答本题之前应聘者需要知道字符串格式化的含义，并且格式化字符串都有哪些方法，进而就能够很好地回答本题。

解析过程：

（1）Java 中 String 类的 format()方法使用指定的格式字符串和参数返回一个格式化字符串。语法格式如下：

```
format(String format,Object…args)
```

参数说明：

- format：格式字符串。
- args：格式字符串中由格式说明符引用的参数。参数数目是可变的，可以为 0。

常规类型的格式化可应用于任何参数类型，转换符如表 3-2 所示。

表 3-2 转换符

转 换 符	说 明	示 例
%b、%B	格式化为布尔类型	false
%h、%H	格式化为哈希码	A05A5198
%s、%S	格式化为字符串类型	"abc"
%c、%C	格式化为字符类型	‘w’
%d	格式化为十进制数	26
%0	格式化为八进制数	12
%x、%X	格式化为十六进制数	4b1
%e	格式化为用计算机科学计数法表示的十进制数	1.700000e+01
%a	格式化为带有效位数和指数的十六进制浮点值	0X1.C000000000001P4

使用 String 类的 format()方法实现将"400/2"返回结果类型转换为字符串，并将"3>5"返回结果格式化为布尔类型，代码如下：

```
String str = String.format("%d",400/2);
String str2 = String.format("%b",3>5);
```

将字符串 str 与 str2 在控制台上输出，输出结果如下：

```
200
false
```

（2）通过将给定的特殊转换符作为参数来实现对日期和时间字符串的格式化。例如：

```
format (Localel,String format,Object…args)
```

参数说明：

格式化过程中要应用的语言环境。如果 Localel 为空，则不进行本地化。

- format：格式字符串。
- args：格式字符串中由格式说明符引用的参数。如果还有格式说明符以外的参数，则忽略这些额外的参数。参数的数目是可变的，可以为 0。参数的最大数目受 Java Virtual Machine Specification 所定义的 Java 数组最大维度的限制。有关 null 参数的行为依赖于转换。

format()方法常用的日期和时间转换符，如表 3-3 所示。

表 3-3 format()方法常用的日期和时间转换符

转 换 符	说 明	示 例
%te	一个月中的某一天（1～31）	12
%tb	指定语言环境的月份简称	Jan（英文）、一月（中文）
%tB	指定语言环境的月份全称	February（英文）、二月（中文）
%tA	指定语言环境的星期几全称	Monday（英文）、星期一（中文）
%ta	指定语言环境的星期几简称	Mon（英文）、星期一（中文）
%tc	包括全部日期和时间信息	星期三十月 25 13:37:22 CST 2008
%tY	4 位年份	2008

续表

转　换　符	说　　明	示　　例
%tj	一年中的第几天（001～366）	060
%tm	月份	05
%td	一个月中的第几天（01～31）	07
%ty	两位年份	08

String 类的 format()方法可以格式化日期和时间。本示例实现将当前日期以 4 位年份、月份全称、两位日期形式输出，关键代码如下：

```
public static void main (String[] args){
    Date date=new Date();                                  //定义 Date 类对象
    Locale form=Locale.US;
    String year=String.format(form,"%tY",date);    //将当前年份进行格式化
    String month=String.format(form,"%tB",date); //将当前月份进行格式化
    String day=String.format(form,"%td",date);     //将当前日期进行格式化
    System.out.println("今年是:"+year+"年");         //将格式化后的日期输出
    System.out.println("现在是:"+month);
    System.out.println("今天是:"+day+"号");
}
```

运行结果如下：

```
今年是: 2019 年
现在是: March
今天是: 3 号
```

3.2.7　输入字符串，打印出该字符串的所有排列

题面解析：本题主要考查对递归的理解，可以采用递归的方法来实现。在解答本题之前需要知道输入字符串后，共有多少种排列组合，用什么样的方法计算组合的生成，进而就能够很好地回答本题。

解析过程：

解答本题时，在输入字符串后，通过递归的方式，循环每个位置和其他位置的字符。

在使用递归的方法求解问题时需要注意：

（1）逐渐缩小问题的规模，并且可以用同样的方法求解子问题；

（2）递归要有结束条件，否则会导致程序进入死循环。

使用递归实现代码如下：

```
Import java.util.Scanner;
   Public class Demo001{
     Public static void main(String[]args){
       String str="";
       Scanner scan =new Scanner(System.in);
       str=scan.nextLine();
       permutation(str.toCharArray(),0);
     }
     Public static void permutation(char[]str,int i){
```

```
        if(i>=str.length)
          return;
        if(i==str.length-1){
          System.out.println(String.valueOf(str));
          }else{
            for(intj=i;j<str.length;j++){
            Char temp=str[j];
            str[j]=str[i];
            str[i]=temp;
            permutation(str,i+1);
            temp=str[j];
            str[j]=str[i];
            str[i]=temp;
          }
        }
     }
  }
```

如果输入的字符串为"ACB"，则输出的字符串的所有组合为："ACB"、"ABC"、"CAB"、"CBA"、"BCA"、"BAC"，共六种表达形式。

3.2.8 在字符串中找出第一个只出现一次的字符

题面解析：本题是在笔试中出现频率较高的一道题，也是对字符串的考查。由于本题要求出现一次的字符，显然可以先求出所有的字符，然后通过比较各字符是否相等从而求出只出现一次的字符。具体思路为：首先找出长度为 n-1 的所有字符，判断是否有相等的字符，如果有相等的子串，那么就不是只出现一次的字符；否则找出长度为 n-2 的字符继续判断是否有相等的子串。以此类推，直到找到不相同的字符或遍历到长度为 1 的字符为止。这种方法的思路比较简单，但是算法复杂度较高。

解析过程：

由于题目与字符出现的次数有关，要统计每个字符在该字符串中出现的次数，需要一个数据容器存放每个字符的出现次数。即这个容器的作用是：把一个字符映射成一个数字。想到利用字符的 ASCII 码，在常用的数据容器中，HashTable 可实现此用途。

例如：在一个字符串中找到第一个只出现一次的字符。如输入"acbac"，则输出'b'。具体的代码如下：

```
public class Day1 {
   /**
   * 找出一个字符串中第一个只出现一次的字符
   * HashTable 求解，时间复杂度:O(n)
   * @param str
   */
   public static void findFirst(String str) {
       if(str == null) {
         return;
       }
       int i = 0;
       char[] arr = str.toCharArray();
```

```
        int[] HashTable = new int[256];
        for(i = 0; i < 256; i++) {
          HashTable[i] = 0;
        }
        char[] hashKey = arr;
        for(i = 0; i < hashKey.length; i++) {
          int tmp = hashKey[i];//将 char 转换为 int，即转换为其对应的 ASCII 码
            HashTable[tmp]++;
        }
        for(i = 0; i < hashKey.length; i++) {
          if(HashTable[hashKey[i]] == 1) {
            System.out.println((char)hashKey[i]);
              return; //找出只出现一次的字符后就退出，若要都找出的话不退出就行
          }
      }
    }
    public static void main(String[] args) {
        String str = "abcdab";
        findFirst(str);
    }
}
```

3.2.9 反转句子的顺序

试题题面：怎样反转句子的顺序，能够保持单词内的字符顺序不发生变化，并且单词以空格符的形式隔开？

题面解析：字符串的反转主要通过字符的交换来实现，需要首先把字符串转换为字符数组，然后定义两个索引分别指向数组的首尾，再交换两个索引位置的值。同时，把两个索引的值向中间移动，直到两个索引相遇为止，则完成了字符串的反转。

解析过程：

思路：①将整个字符串倒置；②以空格为界，倒置字符。

例如，输入"i am a student"，输出"student a am i"。具体的代码如下：

```
//交换字符
public static void swap(char[]arr,int begin,int end){
     char temp;
     while(end>begin){
         temp=arr[begin];
         arr[begin]=arr[end];
         arr[end]=temp;
         end--;
           begin++;
       }
   }
   //功能实现
   public static String changeOrder(String str){
       char[] ch=str.toCharArray();   //将字符串转换成字符数组
       //System.out.println(Arrays.toString(ch));
       char temp;
       int begin=0,end=0;
```

```
        int i=0;
        int srcLen=ch.length;
        //转换整个字符串
        swap(ch,i,srcLen-1);
        //以空格为单位，转换空格前后字符的顺序，使单词为正序
        for(int j=0;j<srcLen;j++){
          if(ch[j]!=' '){
            begin=j;
            while(ch[j]!=' '&& (j+1)<srcLen){    //为保证不越界
            j++;
              }
                if(j==srcLen-1){
                  end=srcLen-1;
                }else {
                  end=j-1;
                }
            }
            swap(ch,begin,end);
        }
        String string=String.copyValueOf(ch);    //字符数组生成字符串
        return string;
}
```

3.2.10 找出最大的“连续的”子字符串的长度

题面解析：本题主要是通过输入字符串，找出字符串中的“连续”字符。读懂题目是解题的第一步，接着就可以对本题进行做答。

解析过程：

首先对整个字符串进行遍历，如果不是连续的字符串，则对前面连续的字符串长度进行判断，看是不是目前最长的，如果是则保存该字符串长度并且将长度重新计为 1。

例如：输入"abijkabcd"则结果返回"abcd"，长度为 4。注意，这里返回的是一个连续的“字符串”而不是数字。

具体的代码如下：

```
public void calMaxLength() {
        String input = "adc";
        int max=0;
        int temp=1;
          /**
          * 对整个字符串进行遍历
          */
        for(int i=1;i<input.length();i++){
          char pre = input.charAt(i-1);
          char now = input.charAt(i);
          if(now-pre==1){//如果是连续字符串，则长度加 1
            temp++;
          }else{
    //如果不是连续的字符串，对前面连续的字符串长度进行判断，看是不是目前最长的，如果是则保存
    //该字符串并且将长度重新计为 1
```

```
            max=(max>temp?max:temp);
            temp=1;
          }
        }
    //因为上面的程序没有对最后一次连续长度进行比较，所以在这里多比较一次
        max=(max>temp?max:temp);
    //题目要求没有连续的输出 0，即没有 1 这个说法，所以这里进行了判断
        System.out.println((max==1?0:max));
}
```

在上述的代码中我们了解到了如何输出字符串中“连续”的最长的字符串，例如下面输出的结果为：

```
Abijkabcd
结果返回 abcd
长度为 4。
```

3.2.11　交换排序

试题题面：在只包含 01 的字符串中，怎样交换任意两个数的位置？最少需要交换多少次？

题面解析：本题是在笔试中出现频率较高的一道题，主要考查应聘者是否掌握交换法则的运用。

解析过程：

从两头往中间查看，查看过程中在左边遇到 1，就和右边遇到的 0 交换位置，直接到左边和右边相等时结束。具体代码如下：

```
public static void main(String[] strs) {
    int count = 0;
    int[] arrays = new int[] {0, 0, 1, 1, 1, 0, 1, 0, 0, 1};
    int left = 0;
    int right = arrays.length - 1;
    while (true) {
        while (arrays[left] == 0) {
           left++;
        }
        while (arrays[right] == 1) {
           right--;
        }
        if (left >= right) {
           break;
        } else {
           int temp = arrays[left];
           arrays[left] = arrays[right];
           arrays[right] = temp;
           count++;
        }
    }
    Logger.println("交换次数: " + count);
    for (int array : arrays) {
        Logger.print(array + ", ");
    }
}
```

通过上述演示，可以清楚地看到，交换次数和排序后的字符串输出如下：

```
交换次数：3
0, 0, 0, 0, 0, 1, 1, 1, 1, 1,
```

3.2.12 删除字符串中所有的 a，并且复制所有的 b

题面解析：本题是在笔试中出现频率较高的题之一，应聘者需要知道怎样在字符串中查找和删除指定的字母，并且复制指定的字母，进而就能够很好地回答本题。

解析过程：

删除字符串中的 a，并且把字符串中的 b 全部进行复制。

详细的代码如下：

```
public static void main(String[] strs) {
    char[] input = new char[]{'a', 'b', 'c', 'd', 'a', 'f', 'a', 'b', 'c', 'd', 'b',
'b', 'a', 'b'};
    char[] chars = new char[50];
    for (int j = 0; j < input.length; j++) {
        chars[j] = input[j];
    }
    Logger.println("操作前：");
    for (char c:chars
    ) {
        Logger.print(c + ", ");
    }
    int n = 0;
    int countB = 0;
    //删除 a，用 n 当作新下标，循环遍历数组，不是 a 的元素都放到新下标的位置
    //由于新 n 增长慢，下标 i 增长快，所以元素不会被覆盖
    //并且在删除 a 时顺便记录 b 的数量，以便下一步复制 b 时可以提前确定数组最终的最大的下标
    for (int i = 0; chars[i] != '\u0000' && i < chars.length; i++) {
        if (chars[i] != 'a') {
            chars[n++] = chars[i];
        }
        if (chars[i] == 'b') {
            countB++;
        }
    }
    //复制 b，由于在第一步中就已经知道了字符串中 b 的个数，这里就能确定最终字符串的最大下标，
    //从最大下标开始倒着复制原字符串，碰到 b 时复制即可
    int newMaxIndex = n + count B - 1;
    for (int k = n - 1; k >= 0; k--) {
        chars[newMaxIndex--] = chars[k];
        if (chars[k] == 'b') {
            chars[newMaxIndex--] = chars[k];
        }
    }
    Logger.println("\n操作后：");
    for (char c:chars
    ) {
        Logger.print(c + ", ");
    }
}
```

3.2.13　一个字符串中包含*和数字，将*放到开头

题面解析：本题主要考查针对字符串中特殊符号的提取，并且将其排列到指定的位置。了解题目的含义，进而就能够很好地回答本题。

解析过程：

首先我们要遍历字符串，倒着操作，从最大下标开始向前遍历，遇到非*号的元素则加入“新”下标中，遍历完毕后，j 即代表*号的个数，然后将 0～j 赋值为*即可（操作后，数字的相对位置不变）。代码如下：

```
public static void main(String[] strs) {
    char[] chars = new char[]{'1', '*', '4', '3', '*', '5', '*'};
    //（操作后，数字的相对位置不变）
    //倒着操作：从最大下标开始向前遍历，遇到非*号的元素则加入"新"下标中，遍历完毕后
    //j 即代表*号的个数，然后将 0～j 赋值为*即可
    int j = chars.length - 1;
    for (int i = j; i >= 0; i--) {
        if (chars[i] != '*') {
            chars[j--] = chars[i];
        }
    }
    while (j >= 0) {
        chars[j--] = '*';
    }
    for (char c:chars
    ) {
        Logger.print(c + ", ");
    }
}
```

通过上述代码的演示，例子中的 1 * 2 * 4 * 3 输出结果如下：

```
1 * 2 * 4 * 3
输出的结果为：
* * * 1 2 4 3。
```

3.3　名企真题解析

本节主要收集了各大企业往年关于字符串的面试及笔试题，读者可以以下面几个题目作为参考，检验一下自己对相关内容的掌握程度。

3.3.1　从字符串中删除给定的字符

【选自 WR 笔试题】

题面解析：当看到题目时要理解题目的含义、我们应该怎样做、要从哪个方面进行解答。本题主要考查我们 Java 中对于字符串的灵活运用，应明确指定的字符是哪一个，然后进行删除。掌握问题的核心，才能很好地解答本题。

解析过程：

下面通过三种方法进行介绍。

第一种方法：通过循环从前往后遍历，如果不是要删除的字符则加到处理后的字符串中。代码如下：

```
public String deleteCharString0(String sourceString, char chElemData) {
    String deleteString = "";
    for (int i = 0; i < sourceString.length(); i++) {
        if (sourceString.charAt(i) != chElemData) {
            deleteString += sourceString.charAt(i);
        }
    }
    return deleteString;
}
```

第二种方法：通过循环确定要删除字符的位置索引，然后通过分割字符串的形式，将子字符串拼接，注意最后的子字符串和原字符串中没有要删除字符的情况。代码如下：

```
public String deleteCharString1(String sourceString, char chElemData) {
    String deleteString = "";
    int iIndex = 0;
    for (int i = 0; i < sourceString.length(); i++) {
        if (sourceString.charAt(i) == chElemData) {
            if (i > 0) {
                deleteString += sourceString.substring(iIndex, i);
            }
            iIndex = i + 1;
        }
    }
    if (iIndex <= sourceString.length()) {
        deleteString += sourceString.substring(iIndex, sourceString.length());
    }
    return deleteString;
}
```

第三种方法：原理同上，只不过查找要删除字符位置采用 String 类中的函数执行，效率不如上面的高。代码如下：

```
public String deleteCharString2(String sourceString, char chElemData) {
    String deleteString = "";
    int iIndex = 0;
    int tmpCount = 0;
    do {
        tmpCount = sourceString.indexOf(chElemData, iIndex);
        if (tmpCount > 0) {
            deleteString += sourceString.substring(iIndex, tmpCount);
        }
        if (tmpCount!= -1) {
            iIndex = tmpCount + 1;
        }
    } while (tmpCount!= -1);
    if (iIndex <= sourceString.length()) {
        deleteString += sourceString.substring(iIndex, sourceString.length());
    }
    return deleteString;
}
```

3.3.2 选 Char 不选 String 来存储密码的原因

【选自 GG 面试题】

题面解析：本题主要考查 Java 中存储密码的形式，从两种方法中选择出最适合的一种方法。这样帮助我们多方面地了解 Java。

解析过程：

对这个问题的解答主要是从在 Java 中为什么选用 Char 和 String 存储密码的对比进行的解释，下面我们将从以下三个方面进行解释。

（1）由于字符串在 Java 中是不可变的，如果将密码存储为纯文本，它将在内存中可用，直到垃圾收集器清除它。并且为了可重用性，会存储在字符串池中，它很可能会在内存中保留很长时间，从而构成安全威胁。

由于任何有权访问内存转储的人都可以以明文形式找到密码，因此应该始终使用加密密码而不是纯文本。由于字符串是不可变的，所以不能更改字符串的内容，因为任何更改都会产生新的字符串，而如果使用 Char[]，就可以将所有元素设置为空白或零。因此，在字符数组中存储密码可以明显降低窃取密码的安全风险。

（2）Java 本身建议使用 JPasswordField 类的 getPassword()方法，该方法返回一个 Char[]和不推荐使用的 getText()方法，该方法以明文形式返回密码。由于安全原因，应遵循 Java 团队的建议，坚持按照标准而不是反对它。

（3）使用 String 时，总是存在日志文件或控制台中打印纯文本的风险，但如果使用 Array，则不会打印数组的内容而是打印其内存位置。虽然这不是真正的原因，但仍然有道理。

还是建议使用哈希码或加密的密码而不是纯文本，并在验证完成后立即从内存中清除它。因此，在 Java 中，用字符数组存储密码与用字符串相比是更好的选择，虽然仅使用 Char[]还不够，还需要擦除内容才能更安全。

3.3.3 检查输入的字符串是否是回文（不区分大小写）

【选自 BD 面试题】

题面解析：在解答本题之前应聘者需要知道什么是回文字符串，了解了回文字符串之后，通过遍历字符串中所有可能的子串，进而判断其是否是回文字符串，从而就能够很好地回答本题。

解析过程：

回文字符串是指一个字符串从左到右与从右到左遍历得到的序列是相同的。通俗地说，类似于我们在数学上学习的轴对称图形，例如"abcba"、"ABFFBA"是回文的，而"abdd"不是回文的。

下面我们针对这种情况用 Java 语言进行介绍，代码如下：

```
package demo;
import java.util.Scanner;
public class HuiWenShu {
    static String string;
    public static void main(String[] args) {
        Scanner scanner = new  Scanner(System.in);
        String s;
```

```
        System.out.println("请输入要检验的串: ");
        string = scanner.next();
        if (huiWenChuan(string)) {
            s = "此字符串是回文串! ";
        }else {
            s = "此字符串不是回文串! ";
        }
        System.out.println(s);
    }
    private static boolean huiWenChuan(String string) {
    //TODO Auto-generated method stub
        int low = 0;
        int heigh = string.length()-1;
        while (low<heigh) {
                if (string.charAt(low)!=string.charAt(heigh)){  //检查对称位置是否一致
                return false;
            }
            low++;
            heigh--;
        }
        return true;
    }
}
```

当我们输入一个字符串时，判断其是否是回文的，如果是则输出 true，否则输出 false。例如，输入"abcba"、"ABFFBA"返回结果为 true，"abdd"返回结果为 false。

第4章

泛型和集合

本章导读

本章主要学习 Java 的泛型和集合。首先讲的是泛型，包括什么是泛型、泛型接口和方法，接着又向大家讲述什么是集合以及集合的几个分类。掌握基础知识之后，接着向大家展示的是常见的面试、笔试问题，教大家如何正确地回答问题。

知识清单

本章要点（已掌握的在方框中打钩）

- [ ] 泛型
- [ ] 泛型的接口和方法
- [ ] Collection 集合
- [ ] List 集合
- [ ] Set 集合
- [ ] Map 集合
- [ ] 集合的遍历

4.1 泛型

本节主要讲解 Java 中泛型的概念、泛型的接口和方法等基础知识。读者需要牢牢掌握这些基础知识才能在面试及笔试中应对自如。

4.1.1 什么是泛型

Java 泛型是 J2SE1.5 中引入的一个新特性，其本质是参数化类型，也就是说所操作的数据类型被指定为一个参数，这种参数类型（type parameter）可以用在类、接口和方法的创建中，分别称为泛型类、泛型接口、泛型方法。

Java 集合（collection）中元素的类型是多种多样的。例如，有些集合中的元素是 byte 类型的，而有些则可能是 string 类型的。Java 允许程序员构建一个元素类型为 object 的集合，其中的元素可以是任何类型。在 J2SE1.5 之前，没有泛型（generics）的情况下，通过对类型 object 的引用来实现参数的“任意化”，“任意化”带来的缺点是要做强制类型转换，而这种转换是要求开发者对实际参数类型可以在预知的情况下进行的。对于强制类型转换错误的情况，编译器可能不提示错误，在运行的时候才出现异常，这是一个安全隐患。因此，为了解决这一问题，J2SE1.5 引入泛型也是必然的了。

4.1.2 泛型接口和方法

在 JDK 1.5 之后，不仅可以声明泛型类，也可以声明泛型接口，声明泛型接口和声明泛型类的语法类似，也是在接口名称后面加上<T>，语法格式如下：

```
[访问权限]interface 接口名称<泛型标志>{}
```

例如：

```
interface Info<T>{                  //在接口上定义泛型
    public T getVar();
}
```

如果现在一个子类要实现此接口但是没有进行正确的实现，则在编译时会出现警告信息。

```
interface Info<T>{                  //在接口上定义泛型
    public T getVar();              //定义抽象方法，抽象方法的返回值就是泛型类型
}
class InfoImpl implements Info{
    public String getVar(){
        return null;
    }
};
```

在子类的定义中可以声明泛型类型。

```
interface Info<T>{                              //在接口上定义泛型
    public T getVar();                          //定义抽象方法，抽象方法的返回值就是泛型类型
}
class InfoImpl<T> implements Info<T>{           //定义泛型接口的子类
    private T var ;                             //定义属性
    public InfoImpl(T var){                     //通过构造方法设置属性内容
        this.setVar(var);
    }
    public void setVar(T var){
        this.var = var ;
    }
    public T getVar(){
        return this.var ;
    }
};
public class GenericsDemo24{
    public static void main(String arsg[]){
        Info<String> i = null;                  //声明接口对象
        i = new InfoImpl<String>("李兴华") ;     //通过子类实例化对象
        System.out.println("内容：" + i.getVar());
    }
};
```

如果现在实现接口的子类不想使用泛型声明，则在实现接口的时候直接指定好其具体的操

作类型即可。

```
interface Info<T>{                              //在接口上定义泛型
    public T getVar();                          //定义抽象方法，抽象方法的返回值就是泛型类型
}
class InfoImpl implements Info<String>{         //定义泛型接口的子类
    private String var;                         //定义属性
    public InfoImpl(String var){                //通过构造方法设置属性内容
        this.setVar(var);
    }
    public void setVar(String var){
        this.var = var;
    }
    public String getVar(){
        return this.var;
    }
};
public class GenericsDemo25{
    public static void main(String arsg[]){
        Info i = null;                          //声明接口对象
        i = new InfoImpl("李兴华") ;             //通过子类实例化对象
        System.out.println("内容: " + i.getVar()) ;
    }
};
```

泛型方法中可以定义泛型参数，此时，参数的类型就是传入数据的类型，通常使用如下格式定义泛型方法。

```
[访问权限]<泛型标识>泛型标识 方法名称([泛型标识 参数名称])
```

例如：

```
class Demo{
    public <T> T fun(T t){                      //可以接收任意类型的数据
        return t;                               //直接把参数返回
    }
};
public class GenericsDemo26{
    public static void main(String args[]){
        Demo d = new Demo();                    //实例化 Demo 对象
        String str = d.fun("李兴华");            //传递字符串
        int i = d.fun(30);                      //传递数字，自动装箱
        System.out.println(str);                //输出内容
        System.out.println(i);                  //输出内容
    }
};
```

通过泛型方法返回泛型类的实例如下：

```
class Info<T extends Number>{                   //指定上限，只能是数字类型
    private T var;                              //此类型由外部决定
    public T getVar(){
        return this.var;
    }
    public void setVar(T var){
        this.var = var;
    }
    public String toString(){                   //覆写 Object 类中的 toString()方法
        return this.var.toString();
    }
```

```
};
public class GenericsDemo27{
    public static void main(String args[]){
        Info<Integer> i = fun(30);
        System.out.println(i.getVar());
    }
    public static <T extends Number> Info<T> fun(T param){
        Info<T> temp = new Info<T>();     //根据传入的数据类型实例化 Info
        temp.setVar(param);               //将传递的内容设置到 Info 对象的 var 属性之中
        return temp;                      //返回实例化对象
    }
};
```

使用泛型统一传入参数的类型。例如：

```
class Info<T>{                            //指定上限，只能是数字类型
    private T var;                        //此类型由外部决定
    public T getVar(){
        return this.var;
    }
    public void setVar(T var){
        this.var = var;
    }
    public String toString(){             //覆写 Object 类中的 toString()方法
        return this.var.toString() ;
    }
};
public class GenericsDemo28{
    public static void main(String args[]){
        Info<String> i1 = new Info<String>() ;
        Info<String> i2 = new Info<String>() ;
        i1.setVar("HELLO") ;              //设置内容
        i2.setVar("李兴华") ;             //设置内容
        add(i1,i2) ;
    }
    public static <T> void add(Info<T> i1,Info<T> i2){
        System.out.println(i1.getVar() + " " + i2.getVar()) ;
    }
};
```

如果 add()方法中两个泛型的类型不统一，则编译会出错。

```
class Info<T>{                            //指定上限，只能是数字类型
    private T var ;                       //此类型由外部决定
    public T getVar(){
        return this.var ;
    }
    public void setVar(T var){
        this.var = var ;
    }
    public String toString(){             //覆写 Object 类中的 toString()方法
        return this.var.toString() ;
    }
};
public class GenericsDemo29{
    public static void main(String args[]){
        Info<Integer> i1 = new Info<Integer>() ;
        Info<String> i2 = new Info<String>() ;
        i1.setVar(30) ;                   //设置内容
        i2.setVar("李兴华") ;             //设置内容
```

```
        add(i1,i2) ;
    }
        public static <T> void add(Info<T> i1,Info<T> i2){
        System.out.println(i1.getVar() + " " + i2.getVar()) ;
    }
};
```

运行结果如图 4-1 所示。

```
GenericsDemo29.java:19:   <T>add(Info<T>,Info<T>)   in   GenericsDemo29   cannot   be   applied   to
(Info<java.lang.Integer>,Info<java.lang.String>)
                add(i1,i2) ;
                ^
1 error
```

图 4-1　运行结果

4.2　集合

集合类是 Java 数据结构的实现。Java 的集合类是 java.util 包中的重要内容，它允许以各种方式将元素分组，并定义了各种使这些元素更容易操作的方法。Java 集合类是 Java 将一些基本的和使用频率极高的基础类进行封装和增强后再以一个类的形式展现。集合类是可以往里面保存多个对象的类，存放的是对象，不同的集合类有不同的功能和特点，适合不同的场合，用以解决一些实际问题。

集合类是用来存放某类对象的。集合类有一个共同特点，就是它们只容纳对象（实际上是对象名，即指向地址的指针）。这一点和数组不同，数组可以容纳对象和简单数据。如果在集合类中既想使用简单数据类型，又想利用集合类的灵活性，就可以把简单数据类型数据变成该数据类型类的对象，然后放入集合中处理，但这样执行效率会降低。

集合类容纳的对象都是 Object 类的实例，一旦把一个对象置入集合类中，它的类信息将丢失，也就是说，集合类中容纳的都是指向 Object 类的对象的指针。这样的设计是为了使集合类具有通用性，因为 Object 类是所有类的祖先，所以可以在这些集合中存放任何类而不受限制。当然这也带来了不便，这要求使用集合成员之前必须对它重新造型。

集合类是 Java 数据结构的实现。在编写程序时，经常需要和各种数据打交道，为了处理这些数据而选用数据结构对于程序的运行效率是非常重要的。

4.2.1　Collection 集合

Collection 是最基本的集合接口，一个 Collection 代表一组 Object，即 Collection 的元素（element）。一些 Collection 允许相同的元素而另一些不行，一些能排序而另一些不行。Java SDK 不提供直接继承自 Collection 的类，Java SDK 提供的类都是继承自 Collection 的“子接口”，如 List 和 Set。

所有实现 Collection 接口的类都必须提供两个标准的构造函数：

（1）无参数的构造函数用于创建一个空的 Collection。

（2）有一个 Collection 参数的构造函数用于创建一个新的 Collection，这个新的 Collection

与传入的 Collection 有相同的元素。后一个构造函数允许用户复制一个 Collection。

如何遍历 Collection 中的每一个元素？

不论 Collection 的实际类型如何，它都支持一个 iterator()的方法，该方法返回一个迭代子，使用该迭代子即可逐一访问 Collection 中每一个元素。典型的用法如下：

```
Iterator it = collection.iterator();    //获得一个迭代子
while(it.hasNext()) {
    object obj = it.next();             //得到下一个元素
}
```

由 Collection 集合派生的两个接口是 List 和 Set。

4.2.2 List 集合

List 是有序的 Collection，使用此接口能够精确地控制每个元素插入的位置。用户能够使用索引（元素在 List 中的位置，类似于数组下标）来访问 List 中的元素，这类似于 Java 的数组。

和下面要提到的 Set 不同，List 允许有相同的元素。

除了具有 Collection 接口必备的 iterator()方法外，List 还提供一个 listIterator()方法，返回一个 ListIterator 接口，和标准的 Iterator 接口相比，ListIterator 多了一些 add()之类的方法，允许添加、删除、设定元素，还能向前或向后遍历。

实现 List 接口的常用类有 LinkedList、ArrayList、Vector 和 Stack。

1. LinkedList 类

LinkedList 实现了 List 接口，允许 null 元素。此外 LinkedList 提供额外的 get()、remove()和 insert()方法在 LinkedList 的首部或尾部。这些操作使 LinkedList 可被用作堆栈（stack）、队列（queue）或双向队列（deque）。

☆**注意**☆ LinkedList 没有同步方法。

如果多个线程同时访问一个 List，则必须自己实现访问同步。一种解决方法是在创建 List 时构造一个同步的 List：

```
List list = Collections.synchronizedList(new LinkedList(…));
```

2. ArrayList 类

ArrayList 实现了可变大小的数组。它允许所有元素，包括 null，但 ArrayList 没有同步。

size()、isEmpty()、get()和 set()方法运行时间为常数，但是 add()方法开销为分摊的常数，添加 n 个元素需要 $O(n)$的时间，其他的方法运行时间为线性。

每个 ArrayList 实例都有一个容量（capacity），即用于存储元素的数组的大小。这个容量可随着不断添加新元素而自动增加，但是增长算法并没有定义。当需要插入大量元素时，在插入前可以调用 ensureCapacity()方法来增加 ArrayList 的容量以提高插入效率。

和 LinkedList 一样，ArrayList 也是非同步的（unsynchronized）。

3. Vector 类

Vector 非常类似 ArrayList，但是 Vector 是同步的。由 Vector 创建的 Iterator 虽然和 ArrayList 创建的 Iterator 是同一接口，但是，因为 Vector 是同步的，当一个 Iterator 被创建而且正在被使用，另一个线程改变了 Vector 的状态（例如，添加或删除了一些元素），这时调用 Iterator 的方法时将抛出 ConcurrentModificationException，因此必须捕获该异常。

4. Stack 类

Stack 继承自 Vector，实现一个后进先出的堆栈。Stack 提供 5 个额外的方法使得 Vector 得以被当作堆栈使用。基本的有 push()和 pop()方法，还有 peek()方法得到栈顶的元素，empty()方法测试堆栈是否为空，search()方法检测一个元素在堆栈中的位置。Stack 刚创建后是空栈。

4.2.3　Set 集合

Set 是一种不包含重复的元素的集合，即任意的两个元素 e1 和 e2 都有 e1.equals(e2)=false。Set 最多有一个 null 元素。

很明显，Set 的构造函数有一个约束条件，传入的 Collection 参数不能包含重复的元素。

☆**注意**☆　必须小心操作可变对象（mutable object）。如果一个 Set 中的可变元素改变了自身状态导致 Object.equals(Object)=true 将会出现一些问题。

4.2.4　Map 集合

Map 没有继承 Collection 接口，Map 提供 key 到 value 的映射。一个 Map 中不能包含相同的 key，每个 key 只能映射一个 value。Map 接口提供 3 种集合的视图，Map 的内容可以被当作一组 key 集合、一组 value 集合或者一组 key-value 映射。

1. HashTable 类

HashTable 继承 Map 接口，实现一个 key-value 映射的 HashTable。任何非空（non-null）的对象都可作为 key 或者 value。HashTable 是同步的。

添加数据使用 put(key, value)，取出数据使用 get(key)，这两个基本操作的时间开销为常数。

HashTable 通过 initial capacity 和 load factor 两个参数调整性能。通常默认的 load factor 0.75 能较好地实现时间和空间的均衡。增大 load factor 可以节省空间但相应的查找时间将增大，这会影响像 get 和 put 这样的操作。

使用 HashTable 的简单示例如下，将 1、2、3 放到 HashTable 中，它们的 key 分别是"one"、"two"、"three"：

```
HashTable numbers = new HashTable();
numbers.put("one", new Integer(1));
numbers.put("two", new Integer(2));
numbers.put("three", new Integer(3));
```

要取出一个数，比如 2，用相应的 key：

```
Integer n = (Integer)numbers.get("two");
System.out.println("two = " + n);
```

由于作为 key 的对象将通过计算其哈希函数来确定与之对应的 value 的位置，因此任何作为 key 的对象都必须实现 hashCode()和 equals()方法。hashCode()和 equals()方法继承自根类 Object。如果用自定义的类当作 key 的话，要相当小心，按照哈希函数的定义，如果两个对象相同，即 obj1.equals(obj2)=true，则它们的哈希码必须相同；但如果两个对象不同，则它们的哈希码不一定不同。如果两个不同对象的哈希码相同，这种现象称为冲突，冲突会导致操作 HashTable 的时间开销增大，所以尽量使用定义好的 hashCode()方法，能加快 HashTable 的操作。

☆**注意**☆ 如果相同的对象有不同的哈希码，对 HashTable 的操作会出现意想不到的结果（期待的 get()方法返回 null）。要避免这种问题，只需要牢记一条：要同时复写 equals()方法和 hashCode()方法，而不要只写其中一个。

2. HashMap 类

HashMap 和 HashTable 类似，不同之处在于 HashMap 是非同步的，并且允许 null，即 null value 和 null key。但是将 HashMap 视为 Collection 时（values()方法可返回 Collection），其迭代子操作时间开销和 HashMap 的容量成比例。因此，如果迭代操作的性能相当重要的话，不要将 HashMap 的初始化容量设得过高，或者将 load factor 设置得过低。

3. HashSet 类

HashSet 类和前面 4.2.3 节中的 Set 集合类似。

4. WeakHashMap 类

WeakHashMap 是一种改进的 HashMap，它对 key 实行"弱引用"，如果一个 key 不再被外部引用，那么该 key 可以被 GC 回收。

4.2.5 集合的遍历

List 集合在 Java 日常开发中是必不可少的，只要懂得运用各种各样的方法就可以大大提高开发的效率，适当活用各种方法才会使开发事半功倍。

以下总结了 3 种 List 集合的遍历方式。

先来创建一个实体类。

```
public class News{
    private int id;
    private String title;
    private String author;
    public News(int id, String title, String author) {
        super();
        this.id = id;
        this.title = title;
        this.author = author;
    }
    public int getId() {
        return id;
    }
    public void setId(int id) {
        this.id = id;
    }
    public String getTitle() {
        return title;
    }
    public void setTitle(String title) {
        this.title = title;
    }
    public String getAuthor() {
        return author;
    }
    public void setAuthor(String author) {
        this.author = author;
```

```
    }
}
```

（1）最基础的遍历方式：for 循环，指定下标长度，使用 List 集合的 size()方法，进行 for 循环遍历。

```
import java.util.ArrayList;
public class Demo01 {
    public static void main(String[] args) {
        ArrayList<News> list = new ArrayList<News>();
        list.add(new News(1,"list1","a"));
        list.add(new News(2,"list2","b"));
        list.add(new News(3,"list3","c"));
        list.add(new News(4,"list4","d"));
        for (int i = 0; i < list.size(); i++) {
            News s = (News)list.get(i);
            System.out.println(s.getId()+"  "+s.getTitle()+"  "+s.getAuthor());
        }
    }
}
```

（2）较为简洁的遍历方式：使用 foreach 遍历 List，但不能对某一个元素进行操作（这种方法在遍历数组和 Map 集合的时候同样适用）。

```
import java.util.ArrayList;

public class Demo02 {
    public static void main(String[] args) {
        ArrayList<News> list = new ArrayList<News>();
        list.add(new News(1,"list1","a"));
        list.add(new News(2,"list2","b"));
        list.add(new News(3,"list3","c"));
        list.add(new News(4,"list4","d"));
        for (News s : list) {
            System.out.println(s.getId()+"  "+s.getTitle()+"  "+s.getAuthor());
        }
    }
}
```

（3）适用迭代器 Iterator 遍历：直接根据 List 集合自动遍历。

```
import java.util.ArrayList;

public class Demo03 {
    public static void main(String[] args) {
        ArrayList<News> list = new ArrayList<News>();
        list.add(new News(1,"list1","a"));
        list.add(new News(2,"list2","b"));
        list.add(new News(3,"list3","c"));
        list.add(new News(4,"list4","d"));
        Iterator<News> iter = list.iterator();
        while (iter.hasNext()) {
            News s = (News) iter.next();
            System.out.println(s.getId()+"  "+s.getTitle()+"  "+s.getAuthor());
        }
    }
}
```

4.3 精选面试、笔试题解析

前面是对 Java 基础知识的学习总结，本节将会向大家展示在去公司面试时经常遇到的面试及笔试题，并对每一道问题都给出了详细的解答。通过本节的学习，读者将掌握在面试或笔试过程中回答问题的方法。

4.3.1 泛型

试题题面：使用泛型的好处有哪些？有什么优点？

题面解析：本题主要考查 Java 中泛型的基础知识，在解答这类问题时，首先要明白什么是泛型，在概念的基础上进一步说明使用泛型有什么好处。

解析过程：

1. 泛型的概念

（1）泛型即“参数化类型”，也就是说所操作的数据类型被指定为一个参数。

（2）这种参数类型可以用在类、接口和方法的创建中，分别称为泛型类、泛型接口、泛型方法。

（3）泛型是程序设计语言的一种特性。允许程序员在强类型程序设计语言中编写体验泛型。在代码中定义一些可变部分，这些部分在使用前必须做出指明。各种程序设计语言和其编译器、运行环境对泛型的支持均不一样。它是将类型参数化以达到代码复用提高软件开发工作效率的一种数据类型。

（4）泛型类是引用类型，是堆对象，主要是引入了“类型参数”这个概念。

2. 使用泛型的好处主要是解决元素存储的安全性问题

（1）解决获取数据元素时，需要注意类型强制转换的问题。

（2）泛型提供了编译期的类型安全，确保只能把正确类型的对象放入集合中，避免了在运行时出现 ClassCastException。

（3）把方法写成泛型<T>，这样就不用针对不同的数据类型（例如 int,double,float）分别写方法，只要写一个方法就可以了，提高了代码的复用性，减少了工作量。

泛型就是允许类、方法、接口对类型进行抽象，在允许向目标中传递多种数据类型的同时限定数据类型，确保数据类型的唯一性。这在集合类型中是非常常见的。

☆**注意**☆　在 JVM 中是没有泛型的，泛型在 Java 中只存在于 API 层面，也就是编译器层次上，出现的错误也都是编译错误，编译时会进行类型擦除，编译形成的字节码文件中没有泛型，所以 Java 中的泛型被称为“伪泛型”。

4.3.2 什么是限定通配符和非限定通配符

题面解析：本题属于概念考查类型的题目，考查对泛型基础知识的掌握程度。在解答这类问题时，首先要明白怎样区分限定通配符和非限定通配符，可以根据其概念进一步叙述。

解析过程：

1. 限定通配符的类型

限定通配符对类型进行了限制，有两种限定通配符：

（1）*<? extends T>*，通过确保类型必须是 T 的子类来设定类型的上界；

（2）*<? super T>*，通过确保类型必须是 T 的父类来设定类型的下界。

泛型类型必须使用限定内的类型来进行初始化，否则会导致编译错误。另外“<?>”表示非限定通配符，因为“<?>”可以用任意类型来替代。

2. 通配符的限定

（1）通配符同样可以对类型进行限定，可以分为子类型限定、超类型限定和无限定。

（2）通配符不是类型变量，因此不能在代码中使用“?”作为一种类型。

（3）通配符“?”相当于“T extends Object”。

通配符本身不是一种数据类型，因此限定方式和 TKVE 有很大不同。通配符总共有 3 种限定方式，如表 4-1 所示。

表 4-1　通配符的限定方式

关 键 字	限 定 名 称	作　　用
extends	子类型限定，类型的上界	主要用来安全地访问数据，可以访问 X 及其子类型，可用于的返回类型限定，不能用于参数类型限定
super	超类型限定，类型的下界	主要用来安全地写入数据，可以写入 X 及其子类型可用于参数类型限定，不能用于返回类型限定
	无限定	用于一些简单的操作，如不需要实际类型的方法，比泛型方法简洁

之所以 extends 和无限定不能安全地写入，是因为限定之后类型不确定，例如：

```
List<? extends Number> list = new ArrayList<>();
```

泛型是 Number 和 Number 的子类，可能是 Number，也可能是 Integer、Double 类型，JVM 不知道这个泛型究竟是哪个类型。

```
List<? super Number> list = new ArrayList<>();
```

可以安全写入，泛型是 Number 和 Number 的超类，JVM 会以最小的子类，也就是 Number 类为泛型。

3. 类型通配符的使用

带有 super 超类型限定的通配符可以向泛型对象写入，例如：

```
import java.util.*;
public class Practice_bb {
    public static void main(String[] args) {
        List<? super Number> list = new ArrayList<>();
        //用 super 来限定可以安全地写入，所以下边的 add()方法可以
        list.add(15);
        list.add(30);
        list.add(55.2);
    }
}
```

带有 extends 子类型限定的通配符可以向泛型对象读取。例如：

```
import java.util.*;
```

```
public class Practice_bb {
    public static void main(String[] args) {
        List<? extends  Number> list = new ArrayList<>();
        list.add(15);         //报错
        list.add(30);         //报错
        list.add(55.2);       //报错
    }
}
```

☆**注意**☆ null 是在不符合条件的情况下唯一能写入或是读取的元素。

4.3.3 Collection 接口

试题题面 1：List、Set、Map 是否继承于 Collection 接口？

题面解析：本题主要考查应聘者对集合的熟练掌握程度，在前面我们分别讲解了 List 集合、Set 集合和 Map 集合，读者需要牢牢掌握它们的使用方法，避免混淆。

解析过程：

List 和 Set 全部继承于 Collection 接口，但 Map 并不是。Collection 是最基本的集合接口，一个 Collection 代表一组 Object，即 Collection 的元素。一些 Collection 允许相同的元素而另一些不行。一些能排序而另一些不行。Java JDK 不能提供直接继承自 Collection 的类，Java JDK 提供的类都是继承自 Collection 的"子接口"，如 List 和 Set。

☆**注意**☆ Map 没有继承 Collection 接口，Map 提供 key 到 value 的映射。一个 Map 中不能包含相同的 key，每个 key 只能映射一个 value。Map 接口提供 3 种集合的视图，Map 的内容可以被当作一组 key 集合、一组 value 集合，或者一组 key-value 映射。

List 按对象进入的顺序保存对象，不做排序或编辑操作。Set 对每个对象只接收一次，并使用自己内部的排序方法。Map 同样对每个元素保存一份，但这是基于"键"的，Map 也有内置的排序，因而不关心元素添加的顺序。如果添加元素的顺序对你很重要，应该使用 LinkedHashSet 或者 LinkedHashMap。

试题题面 2：List、Map、Set 3 个接口存取元素时，各有什么特点？

题面解析：本题主要考查应聘者对 List、Map、Set 接口的理解，因此应聘者不仅需要知道接口的主要概念方法作用，还要知道它们的特点以及是如何使用的。

解析过程：

List 与 Set 都是单列元素的集合，它们有一个共同的父接口 Collection。

（1）Set 里面不允许有重复的元素。

①存元素：add()方法有一个 boolean 类型的返回值，当集合中没有某个元素，此时 add()方法可成功加入该元素时，则返回 true；当集合含有与某个元素 equals 相等的元素时，此时 add()方法无法加入该元素，返回结果为 false。

②取元素：不能具体确定是第几个，只能以 Iterator 接口取得所有的元素，再逐一遍历各个元素。

（2）List 表示有先后顺序的集合。

①存元素：多次调用 add(Object)方法时，每次加入的对象按先来后到的顺序排序，也可以插队，即调用 add(int index,Object)方法，就可以指定当前对象在集合中的存放位置。

②取元素。

方法 1：Iterator 接口取得所有元素，逐一遍历各个元素；

方法 2：调用 get(index i)来明确说明取第几个。

（3）Map 是双列的集合。

①存元素：存放用 put()方法，即 put(obj key, obj value)。每次存储时，要存储一对 key-value，不能存储重复的 key，这个重复的规则也是按 equals()比较相等。

②取元素：用 get(Object key)方法根据 key 获得相应的 value；也可以获得所有的 key 的集合及所有的 value 的集合；还可以获得 key 和 value 组合成的 Map.Entry 对象的集合。

4.3.4 集合类

试题题面：你所知道的集合类都有哪些？主要方法是什么？

题面解析：本题是对集合的考查，应聘者需要先对集合的种类分别进行阐述，然后再叙述集合类的主要方法。

解析过程：

1. Collection 接口

Collection 是最基本的集合接口，一个 Collection 代表一组 Object，即 Collection 的元素（elements）。一些 Collection 允许相同的元素而另一些不行。一些能排序而另一些不行。Java SDK 不提供直接继承自 Collection 的类，Java SDK 提供的类都是继承自 Collection 的“子接口”，如 List 和 Set。

所有实现 Collection 接口的类都必须提供两个标准的构造函数：无参数的构造函数用于创建一个空的 Collection；有一个 Collection 参数的构造函数用于创建一个新的 Collection，这个新的 Collection 与传入的 Collection 有相同的元素。后一个构造函数允许用户复制一个 Collection。

如何遍历 Collection 中的每一个元素？不论 Collection 的实际类型如何，它都支持一个 iterator()方法，该方法返回一个迭代子，使用该迭代子即可逐一访问 Collection 中每一个元素。典型的用法如下：

```
Iterator it = collection.iterator();    //获得一个迭代子
while(it.hasNext()) {
    object obj = it.next();             //得到下一个元素
}
```

由 Collection 接口派生的两个接口是 List 和 Set。

2. List 接口

List 是有序的 Collection，使用此接口能够精确地控制每个元素插入的位置。用户能够使用索引（元素在 List 中的位置，类似于数组下标）来访问 List 中的元素，这类似于 Java 的数组。

和下面要提到的 Set 不同，List 允许有相同的元素。除了具有 Collection 接口必备的 iterator()方法外，List 还提供一个 listIterator()方法，返回一个 ListIterator 接口，和标准的 Iterator 接口相比，ListIterator 多了一些 add()之类的方法，允许添加、删除、设定元素，还能向前或向后遍历。

实现 List 接口的常用类有 LinkedList、ArrayList、Vector 和 Stack。

1）LinkedList 类

LinkedList 实现了 List 接口，允许 null 元素。此外 LinkedList 提供额外的 get()、remove()、insert()方法在 LinkedList 的首部或尾部。这些操作使 LinkedList 可被用作堆栈（stack）、队列（queue）或双向队列（deque）。

☆**注意**☆ LinkedList 没有同步方法。

如果多个线程同时访问一个 List，则必须自己实现访问同步。一种解决方法是在创建 List 时构造一个同步的 List：

```
List list = Collections.synchronizedList(new LinkedList(…));
```

2）ArrayList 类

ArrayList 实现了可变大小的数组。它允许所有元素，包括 null。ArrayList 没有同步。size()、isEmpty()、get()、set()方法运行时间为常数。但是 add()方法开销为分摊的常数，添加 n 个元素需要 $O(n)$的时间。其他的方法运行时间为线性。

每个 ArrayList 实例都有一个容量（capacity），即用于存储元素的数组的大小。这个容量可随着不断添加新元素而自动增加，但是增长算法并没有定义。当需要插入大量元素时，在插入前可以调用 ensureCapacity()方法来增加 ArrayList 的容量以提高插入效率。和 LinkedList 一样，ArrayList 也是非同步的（unsynchronized）。

3）Vector 类

Vector 非常类似于 ArrayList，但是 Vector 是同步的。由 Vector 创建的 Iterator 虽然和 ArrayList 创建的 Iterator 是同一接口，但是，因为 Vector 是同步的，当一个 Iterator 被创建而且正在被使用，另一个线程改变了 Vector 的状态（例如，添加或删除了一些元素），这时调用 Iterator 的方法时将抛出 ConcurrentModificationException，因此必须捕获该异常。

4）Stack 类

Stack 继承自 Vector，实现一个后进先出的堆栈。Stack 提供 5 个额外的方法使得 Vector 得以被当作堆栈使用。基本的有 push()和 pop()方法，还有 peek()方法得到栈顶的元素，empty()方法测试堆栈是否为空，search()方法检测一个元素在堆栈中的位置。Stack 刚创建后是空栈。

3. Set 接口

Set 是一种不包含重复的元素的集合，即任意的两个元素 e1 和 e2 都有 e1.equals(e2)=false。Set 最多有一个 null 元素。

很明显，Set 的构造函数有一个约束条件，传入的 Collection 参数不能包含重复的元素。

☆**注意**☆ 必须小心操作可变对象（mutable object）。如果一个 Set 中的可变元素改变了自身状态导致 Object.equals(Object)=true 将会出现一些问题。

4. Map 接口

请注意，Map 没有继承 Collection 接口，Map 提供 key 到 value 的映射。一个 Map 中不能包含相同的 key，每个 key 只能映射一个 value。Map 接口提供 3 种集合的视图，Map 的内容可以被当作一组 key 集合、一组 value 集合，或者一组 key-value 映射。

1）HashTable 类

HashTable 继承 Map 接口，实现一个 key-value 映射的 HashTable。任何非空（non-null）的对象都可作为 key 或者 value。

添加数据使用 put(key, value)，取出数据使用 get(key)，这两个基本操作的时间开销为常数。

HashTable 通过 initial capacity 和 load factor 两个参数调整性能。通常默认的 load factor 0.75 较好地实现了时间和空间的均衡。增大 load factor 可以节省空间但相应的查找时间将增大，这会影响像 get 和 put 这样的操作。

使用 HashTable 的简单示例如下，将 1、2、3 放到 HashTable 中，它们的 key 分别是"one"、"two"、"three"：

```
HashTable numbers = new HashTable();
numbers.put("one", new Integer(1));
numbers.put("two", new Integer(2));
numbers.put("three", new Integer(3));
```

要取出一个数，比如 2，用相应的 key：

```
Integer n = (Integer)numbers.get("two");
System.out.println("two = " + n);
```

由于作为 key 的对象将通过计算其哈希函数来确定与之对应的 value 的位置，因此任何作为 key 的对象都必须实现 hashCode()和 equals()方法。hashCode()和 equals()方法继承自根类 Object。如果用自定义的类当作 key 的话，要相当小心，按照哈希函数的定义，如果两个对象相同，即 obj1.equals(obj2)=true，则它们的哈希码必须相同；但如果两个对象不同，则它们的哈希码不一定不同。如果两个不同对象的哈希码相同，这种现象称为冲突，冲突会导致操作 HashTable 的时间开销增大，所以尽量定义好的 hashCode()方法，能加快 HashTable 的操作。

如果相同的对象有不同的哈希码，对 HashTable 的操作会出现意想不到的结果（期待的 get()方法返回 null），要避免这种问题，只需要牢记一条：要同时复写 equals()方法和 hashCode()方法，而不要只写其中一个。

HashTable 是同步的。

2）HashMap 类

HashMap 和 HashTable 类似，不同之处在于 HashMap 是非同步的，并且允许 null，即 null value 和 null key。但是将 HashMap 视为 Collection 时（values()方法可返回 Collection），其迭代子操作时间开销和 HashMap 的容量成比例。因此，如果迭代操作的性能相当重要的话，不要将 HashMap 的初始化容量设得过高，或者将 load factor 设置得过低。

3）WeakHashMap 类

WeakHashMap 是一种改进的 HashMap，它对 key 实行“弱引用”，如果一个 key 不再被外部所引用，那么该 key 可以被 GC 回收。

4.3.5　Collection 和 Collections 区别

题面解析：本题也是对集合的考查，主要考查应聘者能否正确区分 Collection 和 Collections。在回答该问题时应聘者需要先分别解释两者各自的含义和使用方法，然后经过对比就可以知道两者的区别了。

解析过程：

Collection 是集合类的上级接口，继承与它有关的接口主要有 List 和 Set。

Collections 是针对集合类的一个帮助类，它提供一系列静态方法实现对各种集合的搜索、排序和线程安全等操作。

Collections 的主要方法有混排（shuffling）、反转（reverse）、替换所有的元素（fill）、复制（copy）、返回 Collections 中最小元素（min）、返回 Collections 中最大元素（max）、返回指定源列表中最后一次出现指定目标列表的起始位置（lastIndexOfSubList）、返回指定源列表中第一次出现指定目标列表的起始位置（IndexOfSubList）、根据指定的距离循环移动指定列表中的元素（rotate）。

4.3.6 HashMap 和 HashTable 有什么区别

题面解析：本题主要考查 HashMap 和 HashTable 之间的区别和联系，应从不同的方面进行分析、解释，同时要注意两者之间的方法以及是如何使用的。

解析过程：

1. 父类不同

（1）HashMap 是继承自 AbstractMap 类，而 HashTable 是继承自 Dictionary。不过它们都同时实现了 Map、Cloneable（可复制）、Serializable（可序列化）这三个接口。

（2）HashTable 比 HashMap 多提供了 elments()和 contains()两个方法。

（3）elments()方法继承自 HashTable 的父类 Dictionnary。elements()方法用于返回此 HashTable 中的 value 的枚举。

（4）contains()方法判断该 HashTable 是否包含传入的 value，它的作用与 containsValue()一致。事实上，contansValue()就只是调用了一下 contains()方法。

2. null 值问题

（1）HashTable 既不支持 null key 也不支持 null value。HashTable 的 put()方法的注释中有说明。

（2）HashMap 中，null 可以作为键，这样的键只有一个；可以有一个或多个键所对应的值为 null。当 get()方法返回 null 值时，可能是 HashMap 中没有该键，也可能是该键所对应的值为 null。因此，在 HashMap 中不能由 get()方法来判断 HashMap 中是否存在某个键，而应该用 containsKey()方法来判断。

3. 线程安全性

（1）HashTable 是线程安全的，它的每个方法中都加入了 synchronize()方法。在多线程并发的环境下，可以直接使用 HashTable，不需要自己为它的方法实现同步。

（2）HashMap 不是线程安全的，在多线程并发的环境下，可能会产生死锁等问题。使用 HashMap 时必须要自己增加同步处理。

虽然 HashMap 不是线程安全的，但是它的效率会比 HashTable 要高很多。这样设计是合理的。在我们的日常使用当中，大部分时间是单线程操作的。HashMap 把这部分操作解放出来了。当需要多线程操作的时候可以使用线程安全的 ConcurrentHashMap。ConcurrentHashMap 虽然也是线程安全的，但是它的效率比 HashTable 要高很多倍。因为 ConcurrentHashMap 使用了分段锁，并不对整个数据进行锁定。

4. 遍历方式不同

（1）HashTable、HashMap 都使用了 Iterator。而由于历史原因，HashTable 还使用了 Enumeration 的方式。

（2）HashMap 的 Iterator 是 fail-fast 迭代器。当有其他线程改变了 HashMap 的结构（增加、删除、修改元素），将会抛出 ConcurrentModificationException。不过，通过 Iterator 的 remove()方法移除元素则不会抛出 ConcurrentModificationException 异常。但这并不是一个一定发生的行为，要看 JVM。

JDK 8 之前的版本中，HashTable 是没有 fast-fail 机制的。在 JDK 8 及以后的版本中，HashTable 也是使用 fast-fail 的。

5. 初始容量不同

HashTable 的初始长度是 11，之后每次扩充容量变为之前的 2^n+1（n 为上一次的长度），而 HashMap 的初始长度为 16，之后每次扩充变为原来的两倍。

创建时，如果给定了容量初始值，那么 HashTable 会直接使用给定的大小，而 HashMap 会将其扩充为 2 的幂次方大小。

6. 计算哈希值的方法不同

为了得到元素的位置，首先需要根据元素的 key 值计算出一个哈希值，然后再用这个哈希值来计算得到最终的位置。

HashTable 直接使用对象的哈希码，哈希码是 JDK 根据对象的地址或者字符串或者数字算出来的 int 类型的数值，然后再使用除留余数法来获得最终的位置，然而除法运算是非常耗费时间的。

HashMap 为了提高计算效率，将 HashTable 的大小固定为 2 的幂，这样在取模计算时，不需要做除法，只需要做位运算。位运算比除法的效率要高很多。

4.3.7 Set 里的元素如何区分是否重复

试题题面：Set 里的元素是否能重复？用什么方法来区分是否重复？

题面解析：本题主要考查应聘者对 Set 集合知识点的掌握程度。在 Set 集合基础上加以延伸，教会应聘者灵活运用所学知识。

解析过程：

Set 接口常用实现类：HashSet 和 TreeSet。

1. HashSet 区分重复元素

先使用 hashcode()方法判断已经存在 HashSet 中元素的哈希码值和将要加入元素的哈希码值是否相同。如果不同，直接添加；如果相同，再调用 equals()方法判断，如果返回 true 则表示 HashSet 中已经添加该对象了，不需要再次添加（重复），如果返回 false 则表示不重复，可以直接加入 HashSet 中。

2. TreeSet 区分重复元素

TreeSet 中的元素对象如果实现 Comparable 接口，使用 compareTo()方法区分元素是否重复，如果没实现 Comparable 接口，自定义比较器（该类实现 Comparator 接口，覆盖 compare()方法）

比较该元素对象，调用 TreeSet 的构造方法 new TreeSet（自定义比较器参数），这样就可以比较元素对象了。

4.3.8 接口的继承

试题题面 1：为何 Collection 不从 Clone 和 Serializable 接口继承？

题面解析：本题是对 Collection 接口知识的延伸，主要考查 Collection 以及 Collection 的继承问题。

解析过程：

Collection 表示一个集合，包含了一组对象。如何存储和维护这些对象是由具体实现来决定的。因为集合的具体形式多种多样，例如 List 允许重复，Set 则不允许。而克隆（clone）和序列化（serializable）只对于具体的实体、对象有意义，不能说去把一个接口、抽象类克隆、序列化甚至反序列化。所以具体的 Collection 实现类是否可以克隆、是否可以序列化应该由其自身决定，而不能由其超类强行赋予。

如果 Collection 继承了 Clone 和 Serializable，那么所有的集合实现都会实现这两个接口，而如果某个实现不需要被克隆，甚至不允许序列化（序列化有风险），那么就与 Collection 矛盾了。

试题题面 2：为何 Map 接口不继承 Collection 接口？

题面解析：本题主要考查 Map 接口的继承问题。

解析过程：

（1）首先 Map 提供的是键值对映射（即 key 和 value 的映射），而 Collection 提供的是一组数据（并不是键值对映射）。

如果 Map 继承了 Collection 接口，那么所有实现了 Map 接口的类到底是用 Map 的键值对映射数据还是用 Collection 的一组数据呢（就我们平常所用的 HashMap、HashTable、TreeMap 等都是键值对，所以它继承 Collection 完全没意义）？而且 Map 如果继承了 Collection 接口的话还违反了面向对象的接口分离原则。

接口分离原则：客户端不应该依赖它不需要的接口。

另一种定义是：类间的依赖关系应该建立在最小的接口上。接口隔离原则将非常庞大、臃肿的接口拆分成为更小的和更具体的接口，这样客户将会只需要知道他们感兴趣的方法。接口隔离原则的目的是系统解开耦合，从而容易重构、更改和重新部署，让客户端依赖的接口尽可能地少。

（2）Map 和 List、Set 不同，Map 存放的是键值对，List、Set 存放的是一个个的对象。说到底是因为数据结构不同，数据结构不同，操作就不一样，所以接口是分开的，因此还是接口分离原则。

4.3.9 Iterator 和 ListIterator 之间有什么区别

题面解析：本题是往年面试及笔试中出现频率较高的题目之一，主要考查 Iterator 和 ListIterator 的使用方法和不同之处。

解析过程：

看源代码 ListIterator 继承 Iterator：

```
public interface ListIterator extends Iterator
```

首先看一下 Iterator 和 ListIterator 迭代器的方法有哪些。

1. Iterator 迭代器包含的方法

（1）hasNext()：如果迭代器指向位置后面还有元素，则返回 true，否则返回 false。

（2）next()：返回集合中 Iterator 指向位置后面的元素。

（3）remove()：删除集合中 Iterator 指向位置后面的元素。

2. ListIterator 迭代器包含的方法

（1）add(E e)：将指定的元素插入列表，插入位置为迭代器当前位置之前。

（2）hasNext()：以正向遍历列表时，如果列表迭代器后面还有元素，则返回 true，否则返回 false。

（3）hasPrevious()：如果以逆向遍历列表，列表迭代器前面还有元素，则返回 true，否则返回 false。

（4）next()：返回列表中 ListIterator 指向位置后面的元素。

（5）nextIndex()：返回列表中 ListIterator 所需位置后面元素的索引。

（6）previous()：返回列表中 ListIterator 指向位置前面的元素。

（7）previousIndex()：返回列表中 ListIterator 所需位置前面元素的索引。

（8）remove()：从列表中删除 next()或 previous()返回的最后一个元素（意思就是对迭代器使用 hasNext()方法时，删除 ListIterator 指向位置后面的元素；当对迭代器使用 hasPrevious()方法时，删除 ListIterator 指向位置前面的元素）。

（9）set(E e)：从列表中将 next()或 previous()返回的最后一个元素更改为指定元素 e。

3. 相同点

两者都是迭代器，当需要对集合中元素进行遍历而不需要干涉其遍历过程时，这两种迭代器都可以使用。

4. 不同点

（1）使用范围不同，Iterator 可以应用于所有的集合，Set、List 和 Map 这些集合的子类型；而 ListIterator 只能用于 List 及其子类型。

（2）ListIterator 有 add()方法，可以向 List 中添加对象，而 Iterator 不能。

（3）ListIterator 和 Iterator 都有 hasNext()和 next()方法，可以实现顺序向后遍历，但是 ListIterator 有 hasPrevious()和 previous()方法，可以实现逆向（顺序向前）遍历，而 Iterator 不可以。

（4）ListIterator 可以定位当前索引的位置，用 nextIndex()和 previousIndex()可以实现。Iterator 没有此功能。

（5）都可实现删除操作，但是 ListIterator 可以实现对对象的修改，用 set()方法可以实现。Iterator 仅能遍历，不能修改。

4.3.10 如何决定使用 HashMap 还是 TreeMap

题面解析：本题主要考查 HashMap 和 TreeMap，首先我们要明白 HashMap 和 TreeMap 的各自作用有哪些，然后分析其在开发中是如何使用的。

解析过程：

1. HashMap 简单总结

（1）HashMap 是链式数组（存储链表的数组），实现查询速度可以，而且能快速地获取 key 对应的 value。

（2）查询速度的影响因素有容量和负载因子，容量大、负载因子小则查询速度快，但浪费空间，反之则相反。

（3）数组的 index 值是由 hashcode%len 的值来确定，其中，key 为关键字，hashcode 为 key 的哈希值，len 为数组的大小。如果容量大负载因子小则 index 相同（index 相同也就是指向了同一个桶）的概率小，链表长度小则查询速度快，反之 index 相同的概率大链表比较长查询速度慢。

（4）对于 HashMap 以及其子类来说，它们是采用哈希算法来决定集合中元素的存储位置，当初始化 HashMap 的时候系统会创建一个长度为 capacity 的 Entry 数组，这个数组里可以存储元素的位置称为桶（bucket），每一个桶都有其指定索引，系统可以根据索引快速访问该桶中存储的元素。

（5）无论何时 HashMap 中的每一个桶都只存储一个元素（Entry 对象）。由于 Entry 对象可以包含一个引用变量用于指向下一个 Entry，因此可能出现 HashMap 的桶中只有一个 Entry，但这个 Entry 指向另一个 Entry 这样就形成了一个 Entry 链。

（6）HashMap 在底层将 key-value 对当成一个整体进行处理，这个整体就是一个 Entry 对象，当系统决定存储 HashMap 中的 key-value 对时，完全没有考虑 Entry 中的 value，而仅仅是根据 key 的哈希值来决定每个 Entry 的存储位置。

2. TreeMap 介绍

（1）TreeMap<K,V>的 key 值是要求实现 java.lang.Comparable，所以迭代的时候 TreeMap 默认是按照 key 值升序排序的；TreeMap 的实现是基于红黑树结构的，适用于按自然顺序或自定义顺序遍历键（key）。

（2）HashMap<K,V>的 key 值实现 hashCode()，分布是散列的、均匀的，不支持排序；数据结构主要是桶（数组），链表或红黑树，适用于在 Map 中插入、删除和定位元素。

综上所述，如果需要得到一个有序的结果时就应该使用 TreeMap（因为 HashMap 中元素的排列顺序是不固定的）。除此之外，由于 HashMap 有更好的性能，所以大多不需要排序的时候我们会使用 HashMap。

4.4 名企真题解析

下面介绍的是各大互联网公司的笔试、面试题，读者可以根据自己的需要，看是否已经掌握了前面的知识点，可以对题目进行学习，以便在应聘中能够脱颖而出。

4.4.1 List 的遍历

【选自 GG 面试题】

试题题面：遍历一个 List 有哪些不同的方式？

题面解析：本题主要考查 Java 中遍历一个 List 的不同方式，应聘者不仅需要知道 List 集合的使用方法，而且还要对 List 的遍历方式进行总结。

解析过程：

遍历方式有以下几种：

（1）for 循环遍历：基于计数器，在集合的外部维护一个计数器，然后依次读取每一个位置的元素，当读到最后一个元素时停止。

（2）迭代器遍历：Iterator 是面向对象的一个设计模式，目前是屏蔽不同数据集合的特点，统一遍历集合的接口。Java 在 Collections 中支持了 Iterator 模式。

（3）foreach 循环遍历：foreach 内部也是采用了 Iterator 的方式实现，使用时不需要显示声明 Iterator 或计数器。其优点是代码简洁，不易出错；缺点是只能做简单的遍历，不能在遍历过程操作数据集合，如删除、替换等。

4.4.2 如何实现边遍历、边移除 Collection 中的元素

【选自 BD 面试题】

题面解析：本题是面试中常被问到的问题之一，主要是考查集合的遍历。当 Collection 进行遍历时怎样移除其中的元素呢？让我们一起来学习吧。

解析过程：

边遍历、边修改 Collection 的唯一正确方式是使用 Iterator.remove()方法。

代码如下：

```
Iterator<Integer> it = list.iterator();
while(it.hasNext()){
    //do something
    it.remove();
}
//【反例】一种最常见的错误代码如下
//for(Integer i : list){
    //list.remove(i)
//}
//运行以上错误代码会报 ConcurrentModificationException 异常
//这是因为当使用 foreach(for(Integer i : list)) 语句时，会自动生成一个 iterator 来遍历该
//list，但同时该 list 正在被 Iterator.remove() 修改
//Java 一般不允许一个线程在遍历 Collection 时另一个线程修改它
```

4.4.3 Java 中的 HashMap 的工作原理是什么

【选自 BD 面试题】

题面解析：本题主要是对 HashMap 的考查，我们知道 HashMap 是 Map 集合中的一个常见类，因此掌握 HashMap 的工作原理是非常重要的。

解析过程：

HashMap 是一个 key-value（键值）对的数据结构，从结构上来讲在 JDK 1.8 之前是用数组加链表的方式实现，JDK 1.8 加了红黑树，HashMap 数组的默认初始长度是 16，HashMap 数组只允许一个 key 为 null，允许多个 value 为 null。

1. HashMap 的内部实现

HashMap 是使用“数组+链表+红黑树”的形式实现的，其中数组是一个 Node[]数组，我们叫它哈希桶数组，它上面存放的是 key-value（键值）对的节点。HashMap 是用 HashTable 来存储的，在 HashMap 里为解决哈希冲突，使用链地址法，简单来说就是数组加链表的形式来解决，当数据被哈希后，得到数组下标，把数据放在对应下表的链表中。

2. HashMap 的方法实现

1）put()方法

使用 put()方法应计算出要添加元素在哈希桶数组中的索引位置。

得到索引位置需要三步：

（1）去添加元素 key 的哈希码值；

（2）高位运算；

（3）取模运算。

高位运算就是用第一步得到的哈希码值 h 的高 16 位和低 16 位进行异或操作。第三步为了使哈希桶数组元素分布更均匀，采用取模运算，取模运算就是用第二步得到的值和哈希桶数组长度-1 的值取与。这样得到的结果和传统取模运算结果一致，而且效率比取模运算高。

put()方法使用的具体步骤：先判断 HashMap 是否为空，若为空则扩容，不为空则计算出 key 的哈希值 i；然后看 table[i]是否为空，若为空就直接插入，不为空则判断当前位置的 key 和 table[i]是否相同；相同就覆盖，不相同就查看 table[i]是否是红黑树节点；如果是就用红黑树直接插入键值对，如果不是则开始遍历链表插入；如果遇到重复值就覆盖，否则直接插入；如果链表长度大于 8，转为红黑树结构，执行完成后看 size 是否大于阈值 threshold，若大于就扩容，否则直接结束。

2）get()方法

get()方法就是计算出要获取元素的哈希值，去对应位置取值即可。

3）扩容机制

HashMap 的扩容中主要进行两步：第一步把数组长度变为原来的两倍；第二步把旧数组的元素重新计算哈希值插入到新数组中，在 JDK 1.8 时，不用重新计算哈希值，只用看看原来的哈希值新增的一位是 0 还是 1。如果是 1 则这个元素在新数组中的位置是原数组的位置加原数组长度；如果是 0 就插入到原数组中。扩容过程第二步中一个非常重要的方法是 transfer()方法，采用头插法，把旧数组的元素插入到新数组中。

3. HashMap 大小为什么是 2 的幂次方？

在计算插入元素在哈希桶数组的索引时的第三步，为了使元素分布得更加均匀，用取模操作，但是传统取模操作效率低，然后优化成 h&(length-1)，设置成 2 的幂次方，是因为 2 的幂次方-1 后的值在每一位上都是 1，然后与第二步计算出的 h 值与的时候，最终的结果只和 key 的哈希码值本身有关，这样不会造成空间浪费并且分布均匀，如果不是 2 的幂次方，即如果 length 不为 2 的幂，例如 15，那么 length-1 的二进制数就会变成 1110。在 h 为随机数的情况下，和 1110 做&操作，尾数永远为 0。那么 0001、1001、1101 等尾数为 1 的位置就永远不可能被 entry 占用。这样会造成浪费、不随机等问题。

第 5 章

数组

本章导读

本章首先针对数组的基本知识进行介绍。然后再根据收集的一些真题进行练习。在本章的最后一部分增加了部分大企业的面试题，帮助读者深入真题，掌握数组的基本知识。

知识清单

本章要点（已掌握的在方框中打钩）

- [ ] 一维数组
- [ ] 二维数组
- [ ] 数组排序

5.1 一维数组

一维数组就是一组具有相同类型的数据集合。一维数组的元素是按顺序存放的。本节将对一维数组的基础知识进行讲解。

5.1.1 数组的定义

内存中一串连续的存储单元（变量）叫数组。指针移动和比较只有在一串连续的数组中才有意义。当数组中每个变量只带一个下标时，称为一维数组。

定义一个一维数组：

```
类型名 数组名[常量表达式]
```

如：

```
int a[8];
```

（1）定义一个一维整型名为 a 的数组。

（2）方括号中规定此数组有 8 个元素（a[0]～a[7]），不存在 a[8]这个元素。

（3）a 数组中每个元素均为整型，且每个元素只能存放整型。

（4）每个元素只有一个下标，且第一个元素的下标总为 0。

5.1.2　数组的声明

要使用 Java 中的数组，必须声明数组，再为数组分配内存空间。

一维数组的声明有两种，语法格式如下：

```
数据类型 数组名[]
数据类型[] 数组名
```

（1）数据类型：指明数组中元素的类型。它可以是 Java 中的基本数据类型，也可以是引用数据类型。

（2）数组名：一个合法的 Java 标识符。

（3）中括号“[]”：表示数组的维数，一对中括号表示一维数组。

这两种声明的不同处在于“[]”的位置，Java 建议使用的方法是将“[]”放在数据类型后面，而不是数据名后面。将“[]”放在数据组名后面的这种风格来自 C/C++语言，在 Java 中也允许这种风格。

Java 语言使用 new 操作符来创建数组，语法格式如下：

```
arryRefVa=new datatype[arraySize];
```

上面的语句做了两件事：第一件事是使用 datatype[arraySize]创建了一个数组；第二件事是把新创建数组的引用赋值给变量 arryRefVa。

声明数组变量和创建数组可以用一条语句进行完成，具体的语法格式如下：

```
datatype[] arryRefVa= new datatype[arraySize];
```

另外，读者还可以使用下面的方式创建数组。具体的语法格式如下：

```
datatype[] arryRefVa=[value0,value1,…,valuek];
```

☆**注意**☆　数组的元素是通过索引进行访问的，数组索引是从 0 开始的。

下面我们通过例子对语法进行解释：

```
public class Test{
   public static void main (String[] arges) {
      int[] arl;
      arl=new int[3];
      system.out.println"arl[0]="+arl[0]);
      system.out.println"arl[1]="+arl[1]);
      system.out.println"arl[2]="+arl[2]);
      system.out.println"数组的长度是: "+arl.length);
   }
}
```

程序的运行结果如下：

```
arl[0]=0
arl1[1]=1
arl[2]=2
数组的长度是: 3
```

5.2 二维数组

前面我们介绍了一维数组，一维与二维数组之间具有相同点。二维数组其实是一维数组的嵌套（把每一行都看作一个内层的一维数组）。

5.2.1 数组的定义

（1）第一种定义格式：

```
int[][] arr = new int[3][4];
```

arr 里面包含 3 个数组，每个数组里面有 4 个元素。

上面的代码相当于定义了一个 3×4 的二维数组，即二维数组的长度为 3，二维数组中的每个元素又是一个长度为 4 的数组。

（2）第二种定义格式：

```
int[][] arr = new int[3][];
```

这种方式和第一种类似，只是数组中每个元素的长度不确定。

（3）第三种定义格式：

```
int[][] arr = {{1,2},{3,4,5,6},{7,8,9}};
```

上述二维数组中定义了 3 个元素，这 3 个元素都是数组分别为{1,2}、{3,4,5,6}、{7,8,9}。

5.2.2 数组的声明

二维数组就是一个特殊的一维数组，其每一个元素都是一个一维数组，例如：

```
String str[][]=new String[3][4];
```

二维数组的动态初始化有以下两种方式：

（1）直接为每一维分配空间，格式如下：

```
type arryName = new type [arraylength1] [arraylength2]
```

- type 可以为基本数据类型和复合数据类型。
- arraylength1 和 arraylength2 必须为正整数，arraylength1 为行数，arraylength2 为列数。

例如：

```
int a[][]=new int[2][3];
```

上述二维数组 a 可以看成一个两行三列的数组。

（2）从最高维开始，分别给每一维分配空间，例如：

```
String s[][] =new String[2][];
s[0]=new String[2];
s[1]=new String[3];
s[0][0]=new String("Good");
s[0][1]=new String("Luck");
s[1][0]=new String("to");
s[1][1]=new String("you");
s[1][2]=new String("!");
```

☆**注意**☆ “s[0]=new String[2];” 和 “s[1]=new String[3];” 是为最高分配引用空间，也就是为最高维限制能保存数据的最大长度，然后再为每个数组元素单独分配空间，即 “s[0][0]=new String("Good");” 等操作。

5.3　数组的排序

下面将介绍几种在数组里常见的排序方法。

1. 数组冒泡排序

冒泡排序（bubble sort）是一种计算机科学领域的较简单的排序算法。

它重复地走访过要排序的元素列，依次比较两个相邻的元素，如果顺序（如从大到小、首字母从 Z 到 A）错误就把它们交换过来。走访元素的工作是重复地进行，直到没有相邻元素需要交换为止，也就是说该元素列已经排序完成。

这个算法的名字由来是因为越小的元素会经由交换慢慢“浮”到数列的顶端（升序或降序排列），就如同碳酸饮料中二氧化碳的气泡最终会上浮到顶端一样，故名“冒泡排序”。代码如下所示：

```
public void bubbleSort(int a[]) {
    int n = a.length;
    for (int i = 0; i < n - 1; i++) {
        for (int j = 0; j < n - 1; j++) {
            if (a[j] > a[j + 1]) {
                int temp = a[j];
                a[j] = a[j + 1];
                a[j + 1] = temp;
            }
        }
    }
}
```

2. 数组的选择排序

选择排序（selection sort）是一种简单直观的排序算法。

它的工作原理是：第一次从待排序的数据元素中选出最小（或最大）的一个元素，存放在序列的起始位置，然后再从剩余的未排序元素中寻找到最小（或最大）元素，然后放到已排序的序列的末尾。以此类推，直到全部待排序的数据元素的个数为零。选择排序是不稳定的排序方法。代码如下：

```
public void selectSort(int a[]) {
    for (int n = a.length; n > 1; n--) {
        int i = max(a, n);
        int temp = a[i];
        a[i] = a[n - 1];
    }
}
```

3. 数组插入排序

所谓插入排序法，就是检查第 i 个数字，如果在它的左边的数字比它大，进行交换，这个动作一直继续下去，直到这个数字的左边数字比它还要小，就可以停止了。插入排序法主要的循环取决于两个变数：i 和 j，每一次执行这个循环，就会将第 i 个数字放到左边恰当的位置去。代码如下：

```
public void insertSort(int a[]) {
    int n = a.length;
    for (int i = 1; i < n; i++) { //将a[i]插入a[0:i-1]
        int t = a[i];
        int j;
```

```
            for (j = i - 1; j >= 0 && t < a[j]; j--) {
                a[j + 1] = a[j];
            }
            a[j + 1] = t;
        }
    }
```

4. 设置两层循环

循环排列（circular permutation）也称圆排列、环排列等，它是排列的一种。循环排列指从 n 个不同元素中取出 m（$1 \leqslant m \leqslant n$）个不同的元素排列成一个环形，既无头也无尾。两个循环排列相同当且仅当所取元素的个数相同并且元素取法一致，在环上的排列顺序一致。代码如下所示：

```
for(int i=0;i<arrayOfInts.length;i++)
{
    for(int j=i+1;j<arrayOfInts.length;j++)
    {
        if(arrayOfInts[i]>arrayOfInts[j])
        {
            a=arrayOfInts[i];
            arrayOfInts[i]=arrayOfInts[j];
            arrayOfInts[j]=a;
        }
    }
}
```

5. 用 Arrays.sort()方法排序

Arrays.sort 中文叫数组名，是指 sort(byte[] a)和 sort(long[] a)两种排序方法，使用这个两种方法可以对数字在指定的范围内排序。这个方法在 java.util 包里面，所以在用到的时候需要先将它导入。代码如下：

```
//导入包
import java.util.Arrays;
public class Two3{
    public static void main(String[]args)
    {
        int[]arrayOfInts={32,87,3,589,12,7076,2000,8,622,127};
        Arrays.sort(arrayOfInts);
        for(int i=0;i<arrayOfInts.length-1;i++)
        {
            System.out.print(arrayOfInts[i]+" ");
        }
    }
}
```

5.4 精选面试、笔试题解析

前面介绍了关于数组的基础知识，接下来总结了一些在面试或笔试过程中经常遇到的问题。希望通过下面的学习，读者能够掌握在面试或笔试中关于数组的知识。

5.4.1 有数组 a[n]，将数组中的元素倒序输出

题面解析：本题主要考查的对数组知识的熟练掌握程度。看到这类问题，首先将数组的知

识框架在脑海中回忆一下，这样我们能够对于数组的问题进行系统的回答。在本题中我们要知道倒序输出的含义是什么，运用什么样的知识进行倒序输出，这样面对问题的时候就能迎刃而解了。

解析过程：

本题考查数组倒序输出，例如把数组{11,8,2,24,90,23}倒序输出的结果为{23,90,24,2,8,11}。具体的代码如下所示：

```
package com.swift;
import java.util.ArrayList;
import java.util.Collections;
import java.util.List;
public class Array_Reverse {
    public static void main(String[] args) {
        /* 有数组 a[n]，用 Java 代码将数组元素顺序颠倒*/
        int a[]={11,8,2,24,90,23};
        //首先可以用集合的方法把数组元素颠倒
        List<Integer> list=new ArrayList<Integer>();
        for(Integer i:a) {
           list.add(i);
        }
        Collections.reverse(list);
        for(Integer i:list) {
           System.out.print(i+" ");
        }
        //也可以用循环首尾互换的方法
        for(int i=0;i<a.length>>1;i++) {
           int temp;
           temp=a[i];
           a[i]=a[a.length-1-i];
           a[a.length-1-i]=temp;
        }
        System.out.println();
        for(int i:a) {
           System.out.print(i+" ");
        }
    }
}
```

程序的运行结果为：

```
23,90,24,2,8,11
```

5.4.2　求顺序排列数组中绝对值最小的数

题面解析：可以对数组进行顺序遍历，对每个遍历到的数求绝对值再进行比较，就可以很容易地找出数组中绝对值最小的数。

在本题中，假设有一个升序排列的数组，数组中可能有正数、负数、0，求数组中元素的绝对值最小的数。

由于数组是升序排列，那么绝对值最小的数一定在正数与非正数的分界点处。

解析过程：

有三种情况分析，分别为都为正数、都为负数和既有正数又有负数。针对这三种情况进行分析：

（1）如果 a[0]>0，那么数组中所有元素均为正数，则 a[0]为绝对值最小的元素。

（2）如果 a[len-1]<0，那么数组中所有元素均为负数，则 a[len-1]为绝对值最小的元素。

（3）数组中元素有正有负时，绝对值最小的元素在正负数的交界点处，这时只需要比较交界点相邻两数绝对值的大小，返回绝对值小的即可。

设 a[mid]为数组的中间元素，那么可以以如下步骤进行查找：

（1）如果 a[mid]<0，因为数组是升序，说明绝对值最小的数不会出现在 a[mid]左边，需要在 mid 以右的区间进行查找。

（2）如果 a[mid]>0，因为数组是升序，说明绝对值最小的数不会出现在 a[mid]右边，这里同时判断与 a[mid]相邻且在其左侧的 a[mid-1]元素的正负。如果为负数，那么说明这两个数是数组中正负交界点，返回这两个数的绝对值较小的；如果 a[mid-1]不为负，那么需要在 mid 以左的区间进行查找。

（3）如果 a[mid]==0，那么 a[mid]即为绝对值最小的元素。

代码如下：

```
int FindMinAbs(int a[], int len)
{
    //如果 a 数组第一个元素大于 0，则 a[0]之后的数均大于 0，且都比 a[0]大
    if(a[0]>0)
    return a[0];
    //如果 a 数组最后一个元素小于 0，则 a[len-1]之前的数均小于 0，且都比 a[len-1]小，所以
abs(a[len-1])最小
    else if(a[len-1]<0)
    return a[len-1];
    int left=0, right=len-1, mid=(left+right)/2;
    int i=0;
    //如果 a[0]<0，a[len-1]>0，那么绝对值最小的数一定出现在正负交界点
    while(true)
    {
        cout<<"mid="<<mid<<", a[mid]="<<a[mid]<<", left="<<left<<", right="<<right<<endl;
        if(a[mid]<0)
        {
           left = mid+1;
        }
        else if(a[mid]>0)
        {
           //如果 a[mid]和 a[mid-1]一正一负，所以只需判断二者的绝对值大小
           if(a[mid]*a[mid-1] <= 0)
           return -a[mid-1] < a[mid]? a[mid-1]:a[mid];
           right = mid-1;
        }
        else
        return a[mid];
        mid = (left+right)/2;
    }
}
```

程序运行结果如下：

```
输入如数组：{1, 2, 3}，绝对值最小：1
输入如数组：{-1, 0, 3}，绝对值最小：0
输入如数组：{-3, -2, -1}，绝对值最小：1
输入如数组：{-1, 2, 3}，绝对值最小：1
```

5.4.3　找出缺少的数字

试题题面：给定一个 1～100 的整数数组，找到其中缺少的数字，然后输出结果。

题面解析：假设缺失的数字是 *x*，那么这 99 个数一定是 1～100 除了 *x* 以外的所有数。试想一下，1～100 一共 100 个数的和是可以求出来的，数组中的元素的和也是可以求出来的，两者相减，其值就是缺失的数字 *x* 的值。

解析过程：

（1）系列之和公式：$n(n+1)/2$（但仅适用于一个缺失的数字）。

（2）如果一个数组有多个缺失元素，则使用 BitSet。

具体代码如下所示：

```
import java.util.Arrays;
import java.util.BitSet;
public class MissingNumberInArray {
    public static void main(String args[]) {
        //one missing number
        printMissingNumber(new int[]{1, 2, 4, 5}, 5);
        //two missing number
        printMissingNumber(new int[]{1, 2, 3, 4, 6, 7, 9, 10}, 10);
        //Only one missing number in array
        int[] iArray = new int[]{1, 2, 3, 5};
        int missing = getMissingNumber(iArray, 5);
        System.out.printf("Missing number in array %s is %d %n",
        Arrays.toString(iArray), missing);
    }
    private static void printMissingNumber(int[] numbers, int count) {
        int missingCount = count - numbers.length;
        BitSet bitSet = new BitSet(count);
        for (int number : numbers) {
           bitSet.set(number - 1);
        }
        System.out.printf("Missing numbers in integer array %s, with total number %d is %n",
        Arrays.toString(numbers), count);
        int lastMissingIndex = 0;
        for (int i = 0; i < missingCount; i++) {
           lastMissingIndex = bitSet.nextClearBit(lastMissingIndex);
           System.out.println(++lastMissingIndex);
        }
    }
    private static int getMissingNumber (int [] numbers, int totalCount) {
        int expectedSum = totalCount * ((totalCount + 1) / 2);
        int actualSum = 0;
        for (int i: numbers) {
           actualSum += i;
        }
        return expectedSum - actualSum;
    }
}
```

程序运行结果为：

```
Output
Missing numbers in integer array [1, 2, 4, 5], with total number 5 is
3
Missing numbers in integer array {1, 2, 3, 4, 6, 7, 9, 10}, with total number 10 is
5
8
Missing number in array [1, 2, 3, 5] is 4
```

5.4.4 数组中有没有 length()这个方法

题面解析：本题比较简单，主要就是考查在数组中的基本定义以及 length()在数组中是否存在。

解题过程：

在数组中没有 length()方法。

数组只有 length 属性，表示的是数组的长度。而且这个属性可以理解为只是一个常量，一旦数组被产生，我们可以得到 length 的值，但不能改变。

5.4.5 什么是构造方法

题面解析：本题主要考查的对数组知识的熟练掌握程度。在本题中不仅需要知道什么是构造方法、构造方法有哪些特点，而且还要知道怎样使用构造方法，这样在面对这类问题的时候就可以迎刃而解了。

解析过程：

在 Java 中，任何变量在被使用前都必须先设置初值。Java 提供了为类的成员变量赋初值的专门方法。

构造方法是一种特殊的成员方法，它的特殊性反映在如下几个方面：

（1）构造方法的作用。

①构造出来一个类的实例。

②对构造出来一个类的实例（对象）初始化。

（2）构造方法的名字必须与定义其他的类名相同，没有返回类型，甚至连 void 也没有。

（3）主要完成对象的初始化工作，构造方法的调用是在创建一个对象时使用 new 操作符进行的。

（4）类中必定有构造方法，若不写，则系统会自动添加无参构造方法。接口不允许被实例化，所以接口中没有构造方法。

（5）不能被 static、final、synchronized、abstract 和 native 修饰。

（6）构造方法在初始化对象时自动执行，一般不能显式地直接调用。当同一个类存在多个构造方法时，Java 编译系统会自动按照初始化时最后面括号的参数个数以及参数类型来自动一一对应，完成构造函数的调用。

（7）构造方法分为两种：无参构造和有参构造。

构造方法可以被重载。没有参数的构造方法称为默认构造方法。与一般的方法一样，构造方法可以进行任何活动，但是经常将它设计为进行各种初始化活动，如初始化对象的属性。

（8）构造代码块。

①作用：给对象进行初始化，对象一旦建立就执行，而且优先于构造函数执行。

②构造代码块和构造函数的区别：构造代码块是给所有不同对象的共性进行统一初始化，构造函数是给对应的对象进行初始化。

（9）自定义类中，如果不写构造方法，Java 系统会默认添加一个无参的构造方法。如果写了一个有参的构造方法，就一定要写无参构造的方法。

如果想使用无参的构造方法，就必须手动给出无参构造方法。

我们通过一个例子进行说明，分别计算长、宽为 20、10 和 6、3 的两个长方形的面积。具体的代码如下：

```
class RectConstructor{
    double length;
    double width; [1]
    double area(){
        return length*width;
    }
    RectConstructor(double width,double length){//带参数的构造方法
    this.length=length;
    this.width=width;
    }
}
public class RectDemo{
    public static void main(String args[]) {
        RectConstructor rect1=new RectConstructor(10,20);
        RectConstructor rect2=new RectConstructor(3,6);
        double ar;
        ar=rect1.area();
        System.out.println("第一个长方形的面积是"+ar);
        ar=rect2.area();
        System.out.println("第二个长方形的面积是"+ar);
    }
}
```

程序运行结果为：

```
第一个长方形的面积是 200
第二个长方形的面积是 18
```

5.4.6　求最大值与最小值

试题题面：如何在未排序的整数数组中找到最大值与最小值？

题面解析：查找数组中元素的最大值与最小值比较容易想到的方法就是蛮力法。具体过程如下：首先定义两个变量 max 与 min，分别记录数组中的最大值与最小值，并将其都初始化为数组的首元素的值，然后从数组的第二个元素开始遍历数组元素，如果遇到的数组元素的值比 max 大，则该数组元素的值为当前的最大值，并将该值赋给 max，如果遇到的数组元素的值比 min 小，则该数组元素的值为当前的最小值，并将该值赋给 min。

解析过程：

通过使用 Java 的代码用于从整数数组中找到最小值和最大值。在循环的每个迭代中，我们将当前数字与最大值和最小值进行比较，然后进行实时更新的操作。这就说明不需要进行检查第一个条件是否为真，这就解释了我们使用 if…else 代码块，而其他部分只在第一个条件不为真时执行。

找出未排序数组中的最大值与最小值的代码如下：

```
public class MaximumMinimumArrayDemo{
    public static void main(String args) {
        largestAndSmallest(new int{-20, 34, 21, -87, 92,
            Integer.MAX_VALUE});
            largestAndSmallest(new int{10, Integer.MIN_VALUE, -2});
            largestAndSmallest(new int{Integer.MAX_VALUE, 40,
```

```
            Integer.MAX_VALUE});
            largestAndSmallest(new int{1, -1, 0});
        }
        public static void largestAndSmallest(int numbers) {
            int largest = Integer.MIN_VALUE;
            int smallest = Integer.MAX_VALUE;
            for (int number : numbers) {
                if (number > largest) {
                    largest = number;
                } else if (number < smallest) {
                    smallest = number;
            }
        }
        System.out.println("给出的数组为：" + Arrays.toString(numbers));
        System.out.println("数组中的最大值为：" + largest);
        System.out.println("数组中的最小值为：" + smallest);
    }
}
```

程序运行结果为：

```
给出的数组为：[-20, 34, 21, -87, 92, 2147483647]
数组中的最大值为：2147483647
数组中的最小值为：-87
给出的数组为：[10, -2147483648, -2]
数组中的最大值为：10
数组中的最小值为：-2147483648
给出的数组为：[2147483647, 40, 2147483647]
数组中的最大值为：2147483647
数组中的最小值为：40
```

5.4.7 求中位数

试题题面： 如何在没有排序的数组中找到数组中的中位数？

题面解析： 在本题中需要知道在数组中的中位数的概念，所谓中位数就是一组数据从小到大排列后中间的那个数字。如果数组个数为偶数的话，则是中间两个数相加除以 2 后的结果；如果数组长度为奇数，那么中位数的值就是中间那个数字。

根据定义，如果数组是一个已经排序好的数组，那么可以直接通过索引获取到所需的中位数。如果题目允许排序，那么本题的关键在于选取一个合适的排序算法对数组进行排序。一般而言，快速排序的平均时间复杂度较低，为 $O(N\log N)$。所以，如果采用排序方法，算法的平均时间复杂度为 $O(N\log N)$。

解析过程：

面对数组中的元素个数的两种情况，如果数组长度是奇数，则中位数是排序后的第$(n+1)/2$个元素；若是偶数，则中位数是排序后第 $n/2$ 个元素。我们采用堆的概念进行解答。

思路一：

（1）将前$(n+1)/2$ 个元素调整为一个最小堆。

（2）对后续每一个元素和堆顶比较，如果小于或等于堆顶，则丢弃之，取下一个元素；如果大于堆顶，用该元素取代堆顶，调整堆，取下一个元素重复第（1）步。

（3）当遍历完所有元素之后，堆顶为中位数。

思路二：可以扩展为从无序数组中查找第 k 大的元素。

利用快速排序的 partition()函数，任意挑一个元素，以该元素 key 划分数组为两部分：key 左边元素小于或等于 key，右边元素大于或等于 key。在第一次使用 partition()后，如果左侧元素个数小于 k−1，则在右侧子序列中递归查找；如果左侧元素个数等于 k−1，则第 k 大元素即在分点处；如果左侧元素个数大于 k−1，则递归地在左侧序列中继续查找。代码如下：

```
public class Main {
    public static void swap(int[] a, int i, int j){
        int temp = a[i];
        a[i] = a[j];
        a[j] = temp;
    }
    public static int partition(int[] arr, int low, int high){
        int pivot = arr[low];
        int i= low, j = high;
        while(i<=j){
          while(i<=j && arr[i]<=pivot)i++;
          while(i<=j && arr[j]>=pivot)j--;
          swap(arr,i,j);
        }
        swap(arr,low,j);
        return j;
    }
    //第 k 大的数，如果数组长度为奇数，则 k=(1+n)/2, 否则 k=n/2
    public static int findMedian(int[] arr, int k, int low, int high){
        if(k >high -low +1) return -1;
        int pos = partition(arr,low, high);
        if(pos - low < k -1){
          return findMedian(arr, k-pos-1, pos+1, high);
        }else if(pos - low == k-1){
          return arr[pos];
        }else {
          return findMedian(arr, k, low, pos-1);
        }
    }
    public static void main(String[] args) {
        int[] arr= {3,5,2,3,5,9,1,2,11,12,13};
        int res = 0;
        if(arr.length%2 ==1){
          res = findMedian(arr, (arr.length+1)/2, 0, arr.length-1);
        }else{
          res = findMedian(arr, arr.length/2, 0, arr.length-1);
        }
        System.out.println(res);
    }
}
```

5.4.8　找出总和等于给定数字的组合

试题题面： 如何在给定的整数数组中，找出所有总和等于给定数字的组合？

题面解析： 本题主要考查应聘者对数组知识的熟练掌握程度。在答题之前一定要严格审题，思考什么样的情况下总和才能等于给定数字，并且确定在解题中使用哪种方法会减小空间复杂度。

解析过程：

给定一个整数数组，找出其中两个数相加等于目标值。首先我们通过一个案例更好地解释。例如：给定数组及目标值 nums=[2,7,11,15]，target=9，因为 nums[0]+nums[1]=2+7=9，返回[0,1]。具体代码如下：

```
/**
 * 使用辅助空间(使用 HashTable，时间复杂度是 O(n),空间复杂度为 O(n),n 是数组大小)
 * @param nums
 * @param target
 * @return 没有找到的话数组中数值就是{-1,-1}，否则找到，其实想返回 null
 */
public static int[] findTwo3(int[] nums, int target)
{
    //结果数组
    int[] result={-1,-1};
    //目标是数组下标，所以键值对为<数值,数值对应数组下标>，这里要说一下
    //HashTable 的查找的时间复杂度是 O(1)
    HashMap<Integer, Integer> map=new HashMap<Integer, Integer>();
    //1.扫描一遍数组，加入 HashTable，时间复杂度是 O(n)
    for(int i=0;i<nums.length;i++)
    {
       map.put(nums[i], i);
    }
    //2.第二次扫描，目标值-当前值，差值作为 key，看看 map 里有没有，没有就进行下一个循环
    //直到数组扫描完毕或找到 value,所以最坏情况的时间复杂度是 O(n)
    for(int i=0;i<nums.length;i++)
    {
       //得到第二个数的值
       int two=target-nums[i];
       //如果存在第二个数的数组下标&&结果的两个数不是同一个数的值
       if(map.containsKey(two)&&target!=2*two)
       {
          result[0]=i;
          result[1]=map.get(two);
          //返回找到的两个数的数组下标
          return result;
       }
    }
    //没有找到
    return result;
}
```

5.4.9 找出数组中的重复项

试题题面：当在一个数组中具有多个重复项时，如何在数组中找到重复的选项？

题面解析：本题主要考查的是对数组知识的熟练掌握程度。在本题中仅需要知道在数组中出现次数最多的一个数字，就是我们所要寻找的重复数字。这样面对问题的时候就迎刃而解了。

解析过程：

在一个长度为 n 的数组里的所有数字都在 0～n-1 的范围内。数组中某些数字是重复的，但不知道有几个数字是重复的，也不知道每个数字重复了几次。请找出数组中任意一个重复的数字。例如：如果输入长度为 7 的数组{2,3,1,0,2,5,3}，那么对应的输出的是重复的数字 2 或者 3。

从头到尾依次扫描数组中的每个数字。

（1）当扫描到下标为 i 的数字时，首先比较这个数字（用 m 表示）是不是等于下标 i。

（2）如果是，则接着扫描下一个数字；如果不是，则再拿它和第 m 个数字进行比较。

（3）如果它和第 m 个数字相等，就找到了一个重复的数字（也就是下标 i 和下标 m 的位置都出现了）。

（4）如果它和第 m 个位置数字不相等，就把第 i 个数字和第 m 个数字交换。

（5）再重复这个比较、交换的过程，直到发现一个重复的数字。

具体过程如下：

```
import java.util.Scanner;
public class Main {
    public static void getRepeateNum( int[] num) {
        int NumChange;
        System.out.println("重复数字是: ");
        for(int index = 0; index < num.length; index++) {
            while(num[index] != index) {
                if(num[index] == num[num[index]]) {
                    System.out.print(num[index]+" ");
                    break;
                } else {
                    NumChange = num[num[index]];
                    num[num[index]] = num[index];
                    num[index] = NumChange;
                }
            }
        }
    }
    public static void main(String[] args) {
        Scanner scanner = new Scanner(System.in);
        int[] num = new int[5];   //数组长度可以自己定义
        System.out.println("请输入一组数据: ");
        for(int i = 0; i < 5; i++) {
            num[i] = scanner.nextInt();
        }
        getRepeateNum(num);
    }
}
```

5.4.10　用 quicksort 算法实现对整数数组的排序

题面解析：本题主要考查对数组排序的熟练掌握程度。quicksort 算法是快速排序算法中的一种，在本题中我们不仅需要知道在数组中使用哪种方法进行排序，而且还要知道快速排序的速度相对比较快。

解析过程：

通过排序将要排序的数据分割成独立的两部分，其中一部分的所有数据都比另外一部分的所有数据要小，然后再按照这个方法对这两部分数据分别进行快速排序，整个排序过程可以递归进行，以此达到整个数据变成有序序列的目的。最坏情况的时间复杂度为 $O(n^2)$，最好情况的时间复杂度为 $O(n\log 2n)$。

快速排序的实现过程：假设要排序的数组是 $A[1]\cdots A[N]$，首先任意选取一个数据（通常选取第一个数据）作为关键数据，然后将所有比它小的数放在前面，所有比它大的数放在后面，这个过程称为一趟快速排序。一趟快速排序的算法是：

设置两个变量 *I*、*J*，排序开始的时候 *I*=1，*J*=*N*。

（1）以第一个数群元素作为关键数据，赋值给 *X*，即 *X*=*A*[1]。

（2）从 *J* 开始向前搜索，即由后开始向前搜索（*J*=*J*−1），找到第一个小于 *X* 的值，两者交换。

（3）从 *I* 开始向前搜索，即由前开始向后搜索（*I*=*I*+1），找到第一个大于 *X* 的值，两者交换。

（4）重复第（3）步，直到 *I*=*N*。

```
public class quickSort {
   public static void main(String[] args) {
      //TODO Auto-generated method stub
      int[] intArray = {12,11,45,6,8,43,40,57,3,20};
      System.out.println("排序前的数组: ");
      for(int i=0;i<intArray.length;i++) {
        System.out.print(" "+intArray[i]);                //输出数组元素
        if((i+1)%5==0)                                     //每 5 个元素一行
        System.out.println();
      }
      System.out.println();
      int[] b = quickSort(intArray,0,intArray.length-1); //调用 quickSort()
      System.out.println("使用快速排序法后的数组: ");
      for(int i=0;i<b.length;i++) {
        System.out.print(" "+b[i]);
        if ((i+1)%5==0) {        //每 5 个元素一行
            System.out.println();
        }
      }
   }
   private static int[] quickSort(int[] array, int left, int right) { //快速排序法
   //TODO Auto-generated method stub
   //如果开始点和结束点没有重叠，也就是指针没有执行到结尾
   if (left<right-1) {
      int mid = getMiddle(array,left,right);              //重新获取中间点
      quickSort(array,left,mid-1);
      quickSort(array,mid+1,right);
   }
   return array;
}
private static int getMiddle(int[] array, int left, int right) {
   //TODO Auto-generated method stub
   int temp;
   int mid = array[left];                                  //把中心置于 a[0]
   while(left < right) {
         while(left < right && array[right] >= mid)
         right--;
         temp = array[right];                              //将比中心点小的数据移到左边
         array[right] = array[left];
         array[left] = temp;
         while(left < right && array[left] <= mid)
         left++;
         temp = array[right];                              //将比中心点大的数据移到右边
         array[right] = array[left];
```

```
            array[left] = temp;
        }
        array[left] = mid;                          //中心移到正确位置
        return left;                                //返回中心点
    }
}
```

程序的运行结果如下：

```
排序前的数组：
12 11 45 6 8
43 40 57 3 20
使用快速排序法后的数组：
3 6 8 11 12
20 40 43 45 57
```

5.4.11　如何对数组进行旋转

题面解析：本题中主要就是针对数组中如何对数组旋转进行说明，下面通过一个案例进行说明。

解析过程：

下面通过例子讲解数组旋转是什么意思。

给定一个数组，将数组中的元素向右移动 k 个位置，其中 k 是非负数。

示例 1：

输入：[1,2,3,4,5,6,7]和 k=3；

输出：[5,6,7,1,2,3,4]。

解释：

向右旋转 1 步：[7,1,2,3,4,5,6]；

向右旋转 2 步：[6,7,1,2,3,4,5]；

向右旋转 3 步：[5,6,7,1,2,3,4]。

示例 2：

输入：[-1,-100,3,99]和 k=2；

输出：[3,99,-1,-100]。

解释：

向右旋转 1 步：[99,-1,-100,3]；

向右旋转 2 步：[3,99,-1,-100]；

说明：尽可能想出更多的解决方案。至少有三种不同的方法可以解决这个问题。要求使用空间复杂度为 $O(1)$的原地算法。

数组旋转的例子：

输入是[1,2,3,4,5,6,7]和 $k = 3$，那么翻转需要如下三步：

（1）翻转[1,2,3,4]部分，得到[4,3,2,1,5,6,7]；

（2）翻转[5,6,7]部分，得到[4,3,2,1,7,6,5]；

（3）翻转整个数组，得到[5,6,7,1,2,3,4]，也就是最终答案。

可以看到，这种方法只需要写一个翻转数组的函数，然后调用三次即可。具体的代码如下：

```
package com.bean.algorithm.basic;
```

```
public class RotateArray {
    public void rotate(int[] nums, int k) {
        if (nums.length == 0 || nums.length == 1 || k % nums.length == 0)
        return;
        k %= nums.length;
        int length = nums.length;
        reverse(nums, 0, length - k - 1);
        reverse(nums, length - k, length - 1);
        reverse(nums, 0, length - 1);
    }
    private void reverse(int[] nums, int begin, int end) {
        for (int i = 0; i < (end - begin + 1) / 2; i++) {
            int temp = nums[begin + i];
            nums[begin + i] = nums[end - i];
            nums[end - i] = temp;
        }
    }
    public static void main(String[] args) {
        //TODO Auto-generated method stub
        RotateArray rotateArray=new RotateArray();
        int[] array=new int[] {1,2,3,4,5,6,7};
        int k=3;
        rotateArray.rotate(array, k);
        for(int i=0;i<array.length;i++) {
            System.out.print(array[i]+" ");
        }
        System.out.println();
    }
}
```

程序的运行结果如下所示：

```
5 6 7 1 2 3 4
```

5.5 名企真题解析

在本节中我们收集了一些大企业往年的面试及笔试题，读者可以把自己当成正在接受面试或笔试的应聘者，当你面对以下这些题目时，你会怎么解答呢？快来一起尝试吧！

5.5.1 如何对磁盘分区

【选自 XM 笔试题】

题面解析：本题主要就是针对数组中如何对磁盘进行分区，下面通过一个案例进行说明。

解析过程：

假如有 N 个磁盘，每个磁盘大小为 $D[i](i=0,1,\cdots,N-1)$，现在要在这 N 个磁盘上“顺序分配”M 个分区，每个分区大小为 $P[j](j=0,1,\cdots,M-1)$。

顺序分配的意思是：分配一个分区 $P[j]$时，如果当前磁盘剩余空间足够，则在当前磁盘分配；如果不够，则尝试下一个磁盘，直到找到一个磁盘 $D[i+k]$可以容纳该分区，分配下一个分区 $P[j+1]$时，则从当前磁盘 $D[i+k]$的剩余空间开始分配，不再使用 $D[i+k]$之前磁盘未分配的空间，如果这 M 个分区不能在这 N 个磁盘完全分配，则认为分配失败。

例如，磁盘为[120，120，20]，分区为[60，60，80，20，80]可分配，如果为[60，80，80，20，80]，则分配失败。

分析：最简单的方法就是对分区数组进行遍历，对每个分区，判断当前磁盘的剩余空间是否可以分配，如果不可以分配，则遍历下一个磁盘；如果磁盘全部遍历完成，但还存在分区未分配，则分配失败。

实现的代码如下：

```
def is allocable(N, M):
    if not N:
      return False
    if not M:
      return True
    nIndex = 0
    sizeN = len(N)
    left = N[0]
    for need in M:
    #如果所有磁盘全部分配掉了，则说明不能分配
      if nIndex >= sizeN:
        return False
    #如果当前磁盘可以分配
      if left >= need:
        left -= need
      else:
    #如果当前磁盘不可以分配，则切换到下一个磁盘
      while left < need:
        nIndex += 1
        if nIndex >= sizeN:
          return False
        left = N[nIndex] if nIndex < sizeN else 0
        if left >= need:
          left -= need
          break
    return True
def process():
    N = [120, 120, 120]
    M = [60, 60, 80, 20, 80]
    result = is_allocable(N, M)
    print result
    M = [60, 80, 80, 20, 80]
    result = is_allocable(N, M)
    print result
    M = [130]
    result = is_allocable(N, M)
    print result
if__name__ == "__main__":
  process()
```

5.5.2　求解迷宫问题

【选自 GG 笔试题】

试题题面：用 Java 语言解答迷宫问题，使问题清晰。有一个 *m* 行 *n* 列的迷宫，只有一个入口和一个出口，用 0 表示可以走，用 1 表示不可以走，现在编写一个程序列出所有可以走的路径。

题面解析：迷宫问题是栈的典型应用，栈通常也与回溯算法连用。回溯算法的基本描述是：

（1）选择一个起始点。

（2）如果已达目的地，则跳转到（4）；如果没有到达目的地，则跳转到（3）。

（3）求出当前的可选项。

a. 若有多个可选项，则通过某种策略选择一个选项，行进到下一个位置，然后跳转到（2）。

b. 若行进到某一个位置发现没有选项时，就回退到上一个位置，然后回退到（2）。

（4）退出算法。

解析过程：

-1 0 0 0 0

1 1 0 1 1

0 0 0 0 0

0 0 2 0 0

我们通过上面的示例进行说明，0 表示可以走，1 表示不能走，-1 表示入口，2 表示出口。

实现过程如下：

```
import java.util.Scanner;
import java.util.Stack;
public class Maze {
    /**
     * 临时保存路径
     */
    private Stack<MazeCell> pathStack = new Stack<>();
    /**
     * 保存迷宫
     */
    private int[][] maze;
    private boolean flag = false;
    private MazeCell startCell;
    private MazeCell endCell;
    public Maze() {
        initialMaze();
    }
    /**
     * 寻找路径
     */
    public void findPath() {
        assert flag;
        processCell(startCell.getX(), startCell.getY(), startCell.getStep());
    }
    private void processCell(int x, int y, int step) {
        if (x == endCell.getX() && y == endCell.getY()) {
           pathStack.pop();
           printPath();
           System.out.println("("+endCell.getX()+","+endCell.getY()+")");
           return;
        }
        test(x,y-1,step+1);
        test(x,y+1,step+1);
        test(x-1,y,step+1);
        test(x+1,y,step+1);
    }
    private void test(int x, int y, int step) {
        if (canGo(x,y)){
           MazeCell mazeCell = new MazeCell(x,y,step);
```

```
            insertToPath(mazeCell);
            processCell(x,y,step);
        }
    }
    private void printPath(){
        for (int i = 0; i < pathStack.size(); i++) {
            MazeCell cell = pathStack.get(i);
            System.out.print("("+cell.getX()+","+cell.getY()+")->");
        }
    }
    private void insertToPath(MazeCell mazeCell) {
        while (pathStack.peek().getStep() >= mazeCell.getStep()) {
            pathStack.pop();
        }
        pathStack.push(mazeCell);
    }
    private boolean canGo(int x, int y) {
        if (maze[x][y]==1) {
            return false;
        }
        for (int i = 0; i < pathStack.size(); i++) {
            MazeCell mazeCell = pathStack.get(i);
            if (mazeCell.getX()==x && mazeCell.getY()==y) {
                return false;
            }
        }
        return true;
    }
    private void initialMaze() {
        int column;
        int row;
        Scanner scanner = new Scanner(System.in);
        int temp = 0;
        do {
            System.out.println("请输入迷宫行数(>0): ");
            temp = scanner.nextInt();
        } while (temp<=0);
        row = temp;
        do {
            System.out.println("请输入迷宫列数(>0): ");
            temp = scanner.nextInt();
        } while (temp<=0);
        column = temp;
        maze = new int[row+2][column+2];
        System.out.println("请输入迷宫（1 为墙，0 为路，-1 为起点，2 为终点）:");
        for (int i = 0; i < column+2; i++) {
            maze[0][i] = 1;
        }
        for (int i = 1; i < row+1; i++) {
            maze[i][0] = 1;
            for (int j = 1; j < column+1; j++) {
                temp = scanner.nextInt();
                switch (temp) {
                    case -1:
                    startCell = new MazeCell(i,j,0);
                    maze[i][j] = temp;
                    pathStack.push(startCell);
                    break;
                    case 2:endCell = new MazeCell(i,j,-1);
```

```
                    case 0:
                    case 1:maze[i][j] = temp;break;
                    default:
                    System.out.println("输入不符合要求 T T");
                    return;
                }
            }
            maze[i][column+1] = 1;
        }
        for (int i = 0; i < column+2; i++) {
            maze[row+1][i] = 1;
        }
        if (startCell!=null && endCell!=null) {
            flag = true;
            System.out.println("输入成功:)");
        } else {
            System.out.println("至少要有一个起点和终点:(");
        }
    }
}
```

程序的运行结果如下：

```
请输入迷宫行数（>0）:
4
请输入迷宫列数（>0）:
5
请输入迷宫（1 为墙，0 为路，-1 为起点，2 为终点）
-1 0 0 0 0
1 1 0 1 1
0 0 0 0 0
0 0 2 0 0
输入成功:
(1,1)->(1,2)->(1,3)->(2,3)->(3,3)->(3,2)->(3,1)->(4,1)->(4,2)->(4,3)
(1,1)->(1,2)->(1,3)->(2,3)->(3,3)->(3,4)->(3,5)->(4,5)->(4,4)->(4,3)
(1,1)->(1,2)->(1,3)->(2,3)->(3,3)->(4,3)
```

第 6 章 异常处理

本章导读

在开发过程中难免会遇到程序异常的情况，当遇到程序异常的时候我们该怎么处理呢？本章主要带领读者来学习 Java 中异常处理的基础知识以及在面试和笔试中常见的问题。本章先告诉读者对于 Java 异常要掌握的基本知识有哪些，然后教会读者应该如何更好地回答面试、笔试问题，最后总结了一些在企业的面试及笔试中难度较深的真题。

知识清单

本章要点（已掌握的在方框中打钩）

- ☐ 异常
- ☐ Java 内置异常类
- ☐ 异常处理机制
- ☐ throws/throw 关键字
- ☐ finally 关键字
- ☐ 自定义异常

6.1 知识总结

本节主要讲解 Java 异常以及如何处理异常等基础知识。读者只有牢牢掌握这些基础知识才能在面试及笔试中应对自如。

6.1.1 什么是异常

异常是指程序在运行过程中由于外部问题导致的程序异常事件，产生的异常会中断程序的运行。在 Java 等面向对象的编程语言中，异常本身是一个对象，产生异常就是产生了一个异常对象。

☆**注意**☆ 在 Java 中异常不是错误，在下文的异常的分类中有解释。

6.1.2 Java 内置异常类

在 Java 中一个异常的产生，主要有如下三种原因：

（1）Java 内部错误发生异常，Java 虚拟机产生的异常。

（2）编写的程序代码中的错误所产生的异常，例如空指针异常、数组越界异常等。这种异常称为未检查的异常，一般需要在某些类中集中处理这些异常。

（3）通过 throw 语句手动生成的异常，这种异常称为检查的异常，一般用来告知该方法的调用者一些必要的信息。

Java 通过面向对象的方法来处理异常。在一个方法的运行过程中，如果发生了异常，则这个方法会产生代表该异常的一个对象，并把它交给运行时系统，运行时系统寻找相应的代码来处理这一异常。

我们把生成异常对象并把它提交给运行的系统的过程称为抛出（throw）异常。运行时系统在方法的调用栈中查找，直到找到能够处理该类型异常的对象，这一个过程称为捕获（catch）异常。

在 Java 中所有异常类型都是内置类 java.lang.Throwable 类的子类，即 Throwable 位于异常类层次结构的顶层。Throwable 类下面有两个异常分支 Exception 和 Error，如图 6-1 所示。

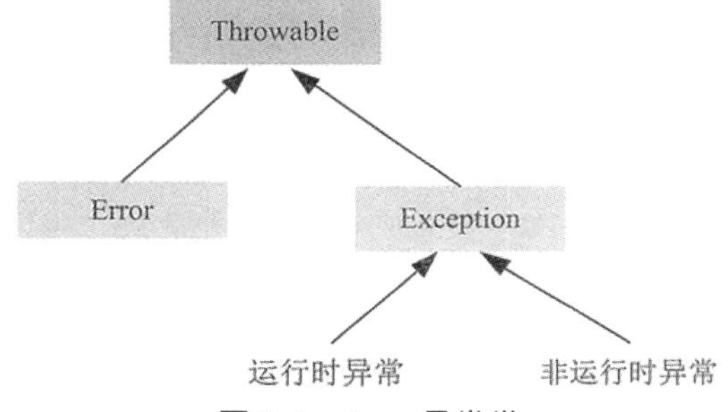

图 6-1 Java 异常类

Java 中常见的异常类型如表 6-1 所示。

表 6-1 Java 中常见的异常类型

异常类型	说明
Exception	异常层次结构的根类
RuntimeException	运行时异常，多数 java.lang 异常的根类
ArithmeticException	算术异常，如以零做除数
ArrayIndexOutOfBoundException	数组大小小于或大于实际的数组大小
NullPointerException	尝试访问 null 对象成员，空指针异常
ClassNotFoundException	不能加载所需的类
NumberFormatException	数字转化格式异常，比如字符串到 float 型数字的转换无效
IOException	I/O 异常的根类
FileNotFoundException	找不到文件
EOFException	文件结束

续表

异 常 类 型	说　　明
InterruptedException	线程中断
IllegalArgumentException	方法接收到非法参数
ClassCastException	类型转换异常

6.1.3　异常处理机制

在 Java 应用程序中，异常处理机制分为抛出异常和捕获异常。

1. 抛出异常

当一个方法出现错误引发异常时，方法创建异常对象并交付运行时系统，异常对象中包含了异常类型和异常出现时的程序状态等异常信息。运行时系统负责寻找处置异常的代码并执行。

2. 捕获异常

在方法抛出异常之后，运行时系统将转为寻找合适的异常处理器（exception handler）。潜在的异常处理器是异常发生时依次存留在调用栈中的方法的集合。当异常处理器所能处理的异常类型与方法抛出的异常类型相符时，即为合适的异常处理器。运行时系统从发生异常的方法开始，依次开始往回查找调用栈中的方法，直至找到含有合适异常处理器的方法并执行。当运行时系统遍历调用栈而未找到合适的异常处理器时，运行时系统终止。同时，意味着 Java 程序的终止。

对于运行时异常、错误或可查异常，Java 技术所要求的异常处理方式有所不同。

（1）由于运行时异常的不可查性，为了更合理、更容易地实现应用程序，Java 规定：运行时异常由 Java 运行时系统自动抛出，允许应用程序忽略运行时异常。

（2）对于方法运行中可能出现的 Error，当运行方法不欲捕获时，Java 允许该方法不做任何抛出声明。因为大多数 Error 异常属于永远不能被允许发生的状况，也属于合理的应用程序不该捕获的异常。

（3）对于所有的可查异常，Java 规定：一个方法必须捕获，或者声明抛出方法之外。也就是说，当一个方法选择不捕获可查异常时，它必须声明将抛出异常。

能够捕获异常的方法，需要提供相符类型的异常处理器。所捕获的异常，可能是由于自身语句所引发并抛出的异常，也可能是由某个调用的方法或者 Java 运行时系统等抛出的异常。也就是说，一个方法所能捕获的异常，一定是 Java 代码在某处所抛出的异常。简单地说，异常总是先被抛出后被捕获的。

任何 Java 代码都可以抛出异常，如自己编写的代码、来自 Java 开发环境包中代码或者 Java 运行时系统。无论是谁，都可以通过 Java 的 throw 语句抛出异常。从方法中抛出的任何异常都必须使用 throws 子句。捕获异常通过 try…catch 语句或者 try…catch…finally 语句实现。

总体来说，Java 规定：对于可查异常必须捕获或者声明抛出。允许忽略不可查的 RuntimeException 和 Error。

抛出异常的方法有两种，分别为 throws 和 throw。

（1）throws：通常被用在声明方法时，用来指定方法可能抛出的异常，多个异常可使用逗号分隔。throws 关键字将异常抛给上一级，如果不想处理该异常，可以继续向上抛出，但最终要有能够处理该异常的代码。

（2）throw：通常用在方法体中或者用来抛出用户自定义异常，并且抛出一个异常对象。程序在执行到 throw 语句时立即停止，如果要捕获 throw 抛出的异常，则必须使用 try…catch 语句块，或者 try…catch…finally 语句。

例如：throws 方法抛出异常。

```
public class Shoot {
    static void pop() throws NegativeArraySizeException{
        int[] arr = new int[-3];
    }
    public static void main(String[] args) {
        try{
           pop();
        }catch(NegativeArraySizeException e){
           System.out.println("pop()方法抛出的异常");
        }
    }
}
```

运行结果如图 6-2 所示。

```
pop()方法抛出的异常
```

图 6-2 throws 异常

例如：throw 方法抛出异常。

```
public class TestException {
    public static void main(String[] args) {
        int a = 6;
        int b = 0;
        try {
           if (b == 0) throw new ArithmeticException(); //通过 throw 语句抛出异常
           System.out.println("a/b 的值是: " + a / b);
        }
        catch (ArithmeticException e) { //catch 捕获异常
           System.out.println("程序出现异常，变量 b 不能为 0。");
        }
        System.out.println("程序正常结束。");
    }
}
```

运行结果如图 6-3 所示。

```
程序出现异常，变量b不能为0。
程序正常结束。
```

图 6-3 throw 异常

6.1.4 throws/throw 关键字

1. throws 关键字

定义一个方法的时候可以使用 throws 关键字声明。使用 throws 关键字声明的方法表示此方法不处理异常，而交给方法调用处进行处理。

throws 关键字格式：

```
public 返回值类型 方法名称(参数列表) throws 异常类{};
```

假设定义一个除法，对于除法操作可能会出现异常，也可能不会出现异常。所以对于这种方法最好将它使用 throws 关键字声明，一旦出现异常，则应该交给调用处处理。代码如下：

```
class Math{
    public int div(int i,int j) throws Exception{//定义除法操作，如果有异常，则交给被调用处处理
        int temp = i / j ;              //计算，但是此处有可能出现异常
        return temp ;
    }
};
public class ThrowsDemo01{
    public static void main(String args[]){
        Math m = new Math() ;           //实例化 Math 类对象
        try{
          System.out.println("除法操作: " + m.div(10,2)) ;
        }catch(Exception e){
          e.printStackTrace() ;         //打印异常
        }
    }
};
```

以上代码中 div()使用了 throws 关键字声明，所以调用此方法的时候，必须通过 try…catch 进行异常处理。如果在主方法的声明中也使用了 throws 关键字，那么是不是意味着主方法也可以不处理异常？例如：

```
class Math{
    public int div(int i,int j) throws Exception{//定义除法操作，如果有异常，则交给被调用处处理
        int temp = i / j ;              //计算，但是此处有可能出现异常
        return temp ;
    }
};
public class ThrowsDemo02{
    //在主方法中的所有异常都可以不使用 try…catch 进行处理
    public static void main(String args[]) throws Exception{
        Math m = new Math() ;           //实例化 Math 类对象
        System.out.println("除法操作: " + m.div(10,0)) ;
    }
};
```

运行结果：

```
Exception in thread "main" java.lang.ArithmeticException: / by zero
    at methoud.Math.div(ThisDemo06.java:4)
    at methoud.ThisDemo06.main(ThisDemo06.java:12)
```

在本程序中，主方法不处理任何异常，而交给 Java 中的 JVM（Java 虚拟机），所以如果在主方法使用了 throws 关键字，则表示一切异常交给 JVM 进行处理。默认处理方式也是 JVM 完成。

2. throw 关键字

throw 关键字的作用是抛出一个异常，抛出的是一个异常类的实例化对象。在异常处理中，try 语句要捕获的是一个异常对象，那么此异常对象也可以自己抛出。代码如下：

```
package methoud;
public class ThisDemo06{
    public static void main(String args[]){
        try{
            throw new Exception("自己抛着玩的。") ;    //抛出异常的实例化对象
        }catch(Exception e){
            System.out.println(e) ;
        }
    }
};
```

6.1.5 finally 关键字

finally 用在异常处理的最后一个语句块，无论是否产生异常都要被执行。例如：

```
public final class FinallyTest {
    public static void main(String[] args) {
        try {
            throw new NullPointerException();
        } catch (NullPointerException e) {
            System.out.println("程序抛出了异常");
        } finally {
            System.out.println("执行了 finally 语句块");
        }
    }
}
```

与其他语言的模型相比，finally 关键字是对 Java 异常处理模型的最佳补充。finally 结构使代码总被执行，而不管有无异常发生。使用 finally 可以维护对象的内部状态，并可以清理非内存资源。如果没有 finally，代码就会很费解。下面说明在不使用 finally 的情况下如何编写代码来释放非内存资源。

```
import java.net.*;
import java.io.*;
class WithoutFinally
{
    public void foo() throws IOException
    {
        //在任一个空闲的端口上创建一个套接字
        ServerSocket ss = new ServerSocket(0);
        try
        {
            Socket socket = ss.accept();
            //此处的其他代码
        }
        catch (IOException e)
        {
            ss.close(); //1
            throw e;
        }
        //…
        ss.close(); //2
    }
}
```

这段代码创建了一个套接字，并调用 accept()方法。在退出该方法之前，必须关闭此套接字，以避免资源漏洞。为了完成这一任务，我们在//2 处调用 close()，它是该方法的最后一条语句。但是，如果 try 块中发生一个异常会怎么样呢？在这种情况下，//2 处的 close()调用永远不会发生。因此，必须捕获这个异常，并在重新发出这个异常之前在//1 处插入对 close()的另一个调用。这样就可以确保在退出该方法之前关闭套接字。

这样编写代码既麻烦又易于出错，但在没有 finally 的情况下这是必不可少的。不幸的是，在没有 finally 机制的语言中，程序员就可能忘记以这种方式组织他们的代码，从而导致资源漏洞。Java 中的 finally 子句解决了这个问题。有了 finally，前面的代码就可以重写为以下的形式：

```
import java.net.*;
import java.io.*;
class WithFinally
{
    public void foo2() throws IOException
    {
        //在任一个空闲的端口上创建一个套接字
        ServerSocket ss = new ServerSocket(0);
        try
        {
           Socket socket = ss.accept();
           //此处的其他代码
        }
        finally
        {
           ss.close();
        }
    }
}
```

finally 块确保 close()方法总被执行，而不管 try 块内是否发出异常。因此，可以确保在退出该方法之前总会调用 close()方法。这样就可以确信套接字被关闭并且没有泄露资源。在此方法中不需要再有一个 catch 块。在第一个示例中提供 catch 块只是为了关闭套接字，现在这是通过 finally 关闭的。如果确实提供了一个 catch 块，则 finally 块中的代码在 catch 块完成以后执行。

finally 块必须与 try 或 try…catch 块配合使用。此外，不可能退出 try 块而不执行其 finally 块。如果 finally 块存在，则它总会执行。

☆**注意**☆　无论从哪点看，这个陈述都是正确的。有一种方法可以退出 try 块而不执行 finally 块。如果代码在 try 内部执行一条“System.exit(0);”语句，则应用程序终止而不会执行 finally 块。另外，如果在 try 块执行期间掉电，finally 块也不会被执行。

6.1.6　自定义异常

1. 为什么需要自定义异常类

Java 中不同的异常类，分别表示着某一种具体的异常情况，那么在开发中总是有些异常情况是没有定义好的，此时我们根据自己业务的异常情况来定义异常类。

有些异常都是 Java 内部定义好的，但是实际开发中也会出现很多异常，这些异常很可能在 JDK 中没有定义过，例如年龄负数问题、考试成绩负数问题等，这时就需要我们自定义异常。

2. 异常类如何定义

（1）自定义一个编译器异常：自定义类并继承 java.lang.Exception；

（2）自定义一个运行时期的异常类：自定义类并继承 java.lang.RuntimeException。

建议保留两种构造器的形式。

- 无参构造。
- 带给父类的 message 属性赋值的构造器。

3. 语法格式

```
Public class XXXException extends Exception | RuntimeException{
    添加一个空参数的构造方法
    添加一个带异常信息的构造方法
}
```

☆**注意**☆

（1）自定义异常类一般都是以 Exception 结尾，说明该类是一个异常类；

（2）自定义异常类，必须继承 Exception 或者 RuntimeException。

继承 Exception：自定义的异常类是一个编译期异常，如果方法内部抛出了编译期异常，就必须处理这个异常，要么 throws，要么 try…catch。

继承 RuntimeException：自定义的异常类是一个运行期异常，无须处理，交给虚拟机处理（中断处理）。

6.2 精选面试、笔试题解析

前面我们已经学习了关于 Java 异常处理的一些基础知识，相信读者已经对 Java 的异常处理有了初步的了解，在接下来的内容中我们将带领大家学习一些经典面试、笔试题的回答方法，这些题目都是在应聘过程中经常遇到的，学习完本节相信能够帮助应聘者轻松地应对。

6.2.1 异常的比较

试题题面：运行时发生的异常与一般的异常有什么不同？

题面解析：这一道题主要是对 Java 异常进行考查，考查两种异常的不同之处。首先应分别回答两者各自的特点，然后将两者进行比较分析。

解析过程：

（1）Throwable 是所有 Java 程序中错误处理的父类，有两种子类：Error 和 Exception。

①Error：表示由 JVM 所侦测到的无法预期的错误。由于这是属于 JVM 层次的严重错误，导致 JVM 无法继续执行，因此，这是不可捕获到的，无法采取任何恢复的操作，顶多只能显示错误信息。Error 类体系描述了 Java 运行系统中的内部错误以及资源耗尽的情形。应用程序不应该抛出这种类型的对象（一般是由虚拟机抛出）。假如出现这种错误，除了尽力使程序安全退出外，在其他方面是无能为力的。

②Exception：表示可恢复的例外，这是可捕获到的。

（2）Java 提供了两类主要的异常：检查异常和运行时异常。

①检查异常也就是我们经常遇到的 I/O 异常，以及 SQL 异常。对于这类异常，Java 编译器强制要求我们必须对出现的这些异常进行捕获。所以，面对这类异常不管我们是否愿意，只能自己去写一大堆 catch 块去处理可能的异常。这类异常一般是外部错误，例如试图从文件尾后读取数据等，这并不是程序本身的错误，而是在应用环境中出现的外部错误。

②运行时异常我们可以不处理。当出现这样的异常时，总是由虚拟机接管。比如：我们从来没有人去处理 NullPointerException 异常，它就是运行时异常，并且这种异常还是最常见的异常之一。RuntimeException 体系包括错误的类型转换、数组越界访问和试图访问空指针等。处理 RuntimeException 的原则是：假如出现 RuntimeException，那么一定是程序员的错误。例如，可以通过检查数组下标和数组边界来避免数组越界访问异常。

出现运行时异常后，系统会把异常一直往上层抛，直到有代码进行处理。如果没有处理块，到最上层，如果是多线程就由 Thread.run()抛出，如果是单线程就被 main()抛出。抛出之后，如果是线程，这个线程也就退出了。如果是主程序抛出的异常，那么整个程序也就退出了。运行时异常是 Exception 的子类，也有一般异常的特点，是可以被 catch 块处理的。只不过往往我们不对它处理罢了。也就是说，如果不对运行时异常进行处理，那么出现运行时异常之后，要么是线程中止，要么是主程序终止。

如果不想终止，则必须捕获所有的运行时异常，决不让这个处理线程退出。队列里面出现了异常数据，正常的处理应该是把异常数据舍弃，然后记录日志，不应该由于异常数据而影响下面对正常数据的处理。在这个场景这样处理可能是一个比较好的应用，但并不代表在所有的场景都应该如此。如果在其他场景，遇到了一些错误，如果退出程序比较好，这时就可以不理会运行时异常，或者是通过对异常的处理显式地控制程序退出。异常处理的目标之一就是把程序从异常中恢复出来。

6.2.2 Java 里的异常包括哪些

题面解析：本题是对 Java 中基础知识的考查，也是学习异常处理方式的基础。应聘者需要知道 Java 中的异常都有哪些，需要在记住的基础上熟练地表达出来。

解析过程：

Java 标准库内建了一些通用的异常，这些类以 Throwable 为顶层父类。

Throwable 又派生出 Error 类和 Exception 类。

（1）错误：Error 类以及它的子类的实例，代表了 JVM 本身的错误。错误不能被程序员通过代码处理，Error 很少出现。因此，程序员应该关注 Exception 为父类的分支下的各种异常类。

（2）异常：Exception 以及它的子类，代表程序运行时发生的各种不期望发生的事件。可以被 Java 异常处理机制使用，是异常处理的核心。

Java 异常的分类如图 6-4 所示。

总体上根据 javac 对异常的处理要求，将异常类分为两类。

（1）非检查异常（unckecked exception）：Error 和 Runtime Exception 以及它们的子类。javac 在编译时，不会提示和发现这样的异常，不要求在程序处理这些异常。所以如果愿意，我们可以编写代码处理（使用 try…catch…finally）这样的异常，也可以不处理。对于这些异常，我们应该修正代码，而不是去通过异常处理器处理。这样的异常发生的原因多半是代码编写有问题，如除 0 错误（ArithmeticException）、类型转换异常（ClassCastException）、数组索引越界（ArrayIndexOutOfBoundsException）、空指针异常（NullPointerException）等。

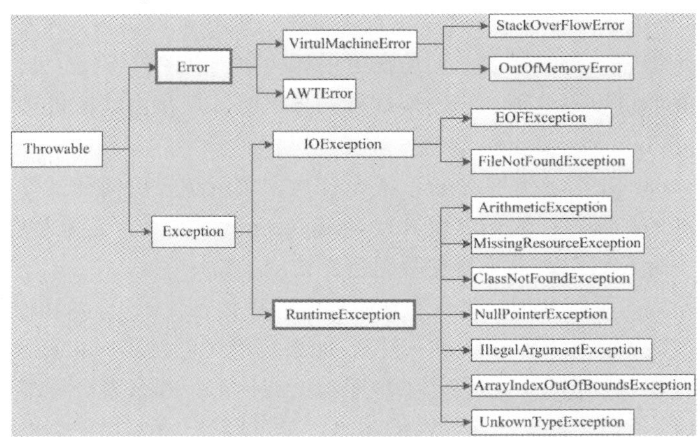

图 6-4　Java 异常的分类

（2）检查异常（checked exception）：除了 Error 和 Runtime Exception 的其他异常。javac 强制要求程序员为这样的异常做预备处理工作（使用 try…catch…finally 或者 throws）。在方法中要么用 try…catch 语句捕获它并处理，要么用 throws 子句声明抛出它，否则编译不会通过。这样的异常一般是由程序的运行环境导致的。因为程序可能被运行在各种未知的环境下，而程序员无法干预用户如何使用他编写的程序，于是程序员就应该为这样的异常时刻准备着、如 SQLException、IOException、ClassNotFoundException 异常等。

☆**注意**☆　检查和非检查是对于 javac 来说的，这样就很好理解和区分了。

6.2.3　异常处理机制的原理和应用

试题题面：简单叙述 Java 中异常处理机制的原理和应用。

题面解析：本题主要考查应聘者对 Java 的异常处理机制原理的掌握，首先应熟练地掌握原理，能够对原理进行透彻的分析和讲解，其次对应用也要了解，这样才能完整地回答问题。

解析过程：

异常是指 Java 程序运行时（非编译）所发生的非正常情况或错误，与现实生活中的事件很相似，现实生活中的事件可以包含事件发生的时间、地点、人物、情节等信息，可以用一个对象来表示，Java 使用面向对象的方式来处理异常，它把程序中发生的每个异常也都分别封装到一个对象来表示，该对象中包含有异常的信息。

Java 对异常进行了分类，不同类型的异常分别用不同的 Java 类表示，所有异常的根类为 java.lang.Throwable，Throwable 下面又派生了两个子类：

（1）Error 表示应用程序本身无法克服和恢复的一种严重问题，程序只能瘫痪了，例如，内存溢出和线程死锁等系统问题。

（2）Exception 表示程序还能够克服和恢复的问题，其中又分为系统异常和普通异常。

系统异常是软件本身的缺陷所导致的问题，也就是软件开发人员考虑不周所导致的问题，软件使用者无法克服和恢复这种问题，但在这种问题下还可以让软件系统继续运行或者让软件死掉，例如数组索引越界（ArrayIndexOutOfBoundsException）、空指针异常（NullPointer Exception）、类型转换异常（ClassCastException）。

普通异常是运行环境的变化或异常所导致的问题，是用户能够克服的问题，例如，网络断线、硬盘空间不够，发生这样的异常后，程序不应该死掉。

Java 为系统异常和普通异常提供了不同的解决方案，编译器强制普通异常必须使用 try…catch 处理或使用 throws 声明继续抛给上层调用方法处理，所以普通异常也称为检查异常；而系统异常可以处理也可以不处理，所以，编译器不强制使用 try…catch 处理或 throws 声明，所以系统异常也称为非检查异常。

☆**注意**☆　throw 语句用来明确地抛出一个异常。throws 语句用来标明一个成员函数可能抛出的各种异常。finally 语句为确保一段代码不管发生什么异常都执行一段代码。

6.2.4　throw 和 throws 有什么区别

题面解析：本题属于对概念类知识的考查，在解题的过程中需要先分别解释 throw 和 throws 的基本概念和使用方法，然后通过对比从各个方面总结说明两者之间的区别。

解析过程：

首先需要明白异常在 Java 中是以一个对象来看待的，并且所有系统定义的编译和运行异常都可以由系统自动抛出，这些称为标准异常。但是一般情况下，Java 强烈要求应用程序进行完整的异常处理，给用户友好的提示，或者修正后使程序继续执行。

接下来我们开始对这道题进行讲解。

用户程序自定义的异常和应用程序特定的异常，必须借助于 throws 和 throw 语句来定义抛出异常。

（1）throw 是指语句抛出一个异常。语法如下：

```
throw (异常对象);
```

例如：

```
throw e;
```

（2）throws 是方法可能抛出异常的声明（用在声明方法时，表示该方法可能要抛出异常）。语法如下：

```
[(修饰符)](返回值类型)(方法名)([参数列表])[throws(异常类)]{…}
```

例如：

```
public void doA(int a) throws Exception1,Exception3{…}
```

throws Exception1，Exception2，Exception3 只是告诉程序这个方法可能会抛出这些异常，方法的调用者可能要处理这些异常，而 Exception1，Exception2，Exception3 这些异常可能是该函数体产生的。

throw 则是明确了这个地方要抛出这个异常。例如：

```
Void doA(int a) throws IOException,{
    try{
       …
    }catch(Exception1 e){
       Throw e;
```

```
    }catch(Exception2 e){
        System.out.println("出错了！");
    }
    if(a!=b)
    throw new Exception3("自定义异常");
}
```

代码块中可能会产生 3 个异常（Exception1,Exception2,Exception3）。

①如果产生 Exception1 异常，则捕获之后再抛出，由该方法的调用者去处理。

②如果产生 Exception2 异常，则该方法自己处理了（即“System.out.println("出错了！");”）。所以该方法就不会再向外抛出 Exception2 异常了，void doA() throws Exception1,Exception3 里面的 Exception2 也就不用写了。

③Exception3 异常是该方法的某段逻辑出错，程序员自己做了处理，在该段逻辑错误的情况下抛出异常 Exception3，则该方法的调用者也要处理此异常。

（3）throw 和 throws 的区别如下：

①throw 语句用在方法体内，表示抛出异常，由方法体内的语句处理。

②throws 语句用在方法声明后面，表示再抛出异常，由该方法的调用者来处理。

③throws 主要是声明这个方法会抛出这种类型的异常，使它的调用者知道要捕获这个异常。

④throw 是具体向外抛异常的动作，所以它是抛出一个异常实例。

⑤throws 出现在方法函数头；而 throw 出现在函数体。

⑥throws 表示出现异常的一种可能性，并不一定会发生这些异常；throw 则是抛出了异常，执行 throw 则一定抛出了某种异常。

⑦两者都是消极处理异常的方式（这里的消极并不是说这种方式不好），只是抛出或者可能抛出异常，但是不会由函数去处理异常，真正的处理异常由函数的上层调用处理。

6.2.5 Java 中如何进行异常处理

题面解析：本题主要考查应聘者的实际操作水平，应聘者首先应该知道 Java 中的异常都包括哪些，然后针对各种不同的异常能够有具体的解决方案。

解析过程：

在编写代码处理异常时，对于检查异常，有两种不同的处理方式：使用 try…catch…finally 语句块处理它或者在函数签名中使用 throws 声明交给函数调用者去解决。

1. try…catch…finally 语句块

```
try{
    //try 块中放可能发生异常的代码
    //如果执行完 try 且不发生异常，则接着去执行 finally 块和 finally 后面的代码（如果有的话）
    //如果发生异常，则尝试去匹配 catch 块
    }catch(SQLException SQLexception){
        //每一个 catch 块用于捕获并处理一个特定的异常，或者这异常类型的子类。Java7 中可以将多个异常声明在一个 catch 中
        //catch 后面的括号定义了异常类型和异常参数。如果异常与之匹配且是最先匹配到的，则虚拟机将使用这个 catch 块来处理异常
        //在 catch 块中可以使用这个块的异常参数来获取异常的相关信息。异常参数是这个 catch 块中的局部变量，其他块不能访问
        //如果当前 try 块中发生的异常在后续的所有 catch 中都没捕获到，则先去执行 finally，然后到这
```

```
个函数的外部 caller 中去匹配异常处理器
            //如果 try 中没有发生异常，则所有的 catch 块将被忽略
        }catch(Exception exception){
            //…
        }finally{
        //finally 块通常是可选的
        //无论异常是否发生、异常是否匹配被处理，finally 都会执行
        //一个 try 至少要有一个 catch 块，否则， 至少要有一个 finally 块。但是 finally 不是用来处理异
常的，finally 不会捕获异常
        //finally 主要做一些清理工作，如流的关闭，数据库连接的关闭等
    }
```

需要注意的地方：

（1）try 块中的局部变量和 catch 块中的局部变量（包括异常变量），以及 finally 中的局部变量，它们之间不可共享使用。

（2）每一个 catch 块用于处理一个异常。异常匹配是按照 catch 块的顺序从上往下寻找的，只有第一个匹配的 catch 会得到执行。匹配时，不仅支持精确匹配，也支持父类匹配，因此，如果同一个 try 块下的多个 catch 异常类型有父子关系，应该将子类异常放在前面，父类异常放在后面，这样保证每个 catch 块都有存在的意义。

（3）在 Java 中，异常处理的任务就是将执行控制流从异常发生的地方转移到能够处理这种异常的地方去。也就是说，当一个函数的某条语句发生异常时，这条语句后面的语句不会再执行，它失去了焦点。执行流跳转到最近的匹配的异常处理 catch 代码块去执行，异常被处理完后，执行流会接着在“处理了这个异常的 catch 代码块”后面接着执行。

当异常被处理后，控制流会恢复到异常抛出点接着执行，这种策略叫作 resumption model of exception handling（恢复式异常处理模式）。

而 Java 则是让执行流恢复到处理了异常的 catch 块后接着执行，这种策略叫作 termination model of exception handling（终结式异常处理模式）。

```
    public static void main(String[] args){
        try{
            foo();
        }catch(ArithmeticException ae) {
            System.out.println("处理异常");
        }
    }
    public static void foo(){
        int a = 5/0;                                //异常抛出点
        System.out.println("今天是星期五! ");        //不会执行
    }
```

2. throws 函数声明

（1）throws 声明：如果一个方法内部的代码会抛出检查异常，而方法自己又没有完全处理掉，则 javac 保证必须在方法的签名上使用 throws 关键字声明这些可能抛出的异常，否则编译不通过。

（2）throws 是另一种处理异常的方式，它不同于 try…catch…finally，throws 仅仅是将函数中可能出现的异常向调用者声明，而自己不具体处理。

（3）采取这种异常处理的原因可能是：方法本身不知道如何处理这样的异常，或者说让调用者处理更好，调用者需要为可能发生的异常负责。

```
    Public void foo() throws ExceptionType1, ExceptionType2, ExceptionTypeN
    {
        //foo 内部可以抛出 ExceptionType1, ExceptionType2, ExceptionTypeN 类的异常，或者它们的子类的异常对象
    }
```

6.2.6 Java 中如何自定义异常

题面解析：要解答这道题首先要介绍为什么要使用自定义异常，然后说出自定义异常的缺点，当然规则也是必不可少的，最后也可以介绍如何使用。

解析过程：

1. 为什么要使用自定义异常

（1）我们在工作的时候，项目是分模块或者分功能开发的，基本不会是一个人开发整个项目，使用自定义异常类就统一了对外异常展示的方式。

（2）有时候我们遇到某些校验或者问题的时候，需要直接结束当前的请求，这时便可以通过抛出自定义异常来结束。如果项目中使用了 SpringMVC 比较新的版本，有控制器增强，可以通过@ControllerAdvice 注解写一个控制器增强类来拦截自定义的异常并响应给前端相应的信息。

（3）自定义异常可以在项目中某些特殊的业务逻辑时抛出异常。

（4）使用自定义异常继承相关的异常来抛出处理后的异常信息，可以隐藏底层的异常。这样更安全，异常信息也会更加直观。自定义异常可以抛出我们自己想要抛出的异常，可以通过抛出的信息区分异常发生的位置，根据异常名就可以知道哪里有异常，根据异常提示信息对程序进行修改。比如空指针异常 NullPointException，我们可以抛出信息为"XXX 为空"的定位异常位置，而不用输出堆栈信息（默认异常抛出的信息）。

2. 自定义异常的缺点

毋庸置疑，我们不能期待 JVM 自动抛出一个自定义异常，也不能期待 JVM 会自动处理一个自定义异常。发现异常、抛出异常和处理异常的工作必须靠编程人员在代码中利用异常处理机制自己完成。这样就相应地增加了一些开发成本和工作量，所以若没必要，也不一定非得要用自定义异常。

3. 自定义异常的规则

在 Java 中可以自定义异常，编写自己的异常类时需要记住以下几点：

（1）所有异常都必须是 Throwable 的子类。

（2）如果希望写一个检查异常类，则需要继承 Exception 类。

（3）如果希望写一个运行时异常类，则需要继承 RuntimeException 类。

自定义异常的定义与使用：

```
public class CommonException extends RuntimeException {
    public CommonException(String msg) {
        super(msg);
    }
}
public void testCommonException() {
    throw new CommonException("错误");
}
```

6.2.7　在声明方法中是抛出异常还是捕获异常

题面解析：本题是考查对抛出异常和捕获异常的理解，首先应该知道什么是抛出异常、什么是捕获异常、然后能对两者进行区分，知道怎么应用，进而就能够很好地回答本题。

解析过程：

（1）如果方法声明里面有 throws 异常，那么方法体里面可以不抛出异常。因为可以在方法声明中包含异常说明，但实际上却不抛出。这样做的好处是，为异常先占个位置，以后就可以抛出这种异常而不用修改已有的代码。在定义抽象类和接口时这种能力很重要，这样派生类或接口实现类就能够抛出这些预先声明的异常。

（2）为什么有的方法声明里面没有 throws，但方法体里面却抛出了异常？

从 RuntimeException 继承的异常，可以在没有异常说明 throws 的情况下被抛出。对于 RuntimeException（也称为非检查的异常），编译器不需要异常说明。只能在代码中忽略 RuntimeException（及其子类）类型的异常，其他类型异常的处理都是由编译器强制实施的。究其原因，RuntimeException 代表的是编程错误。

（3）运行时的异常会被 Java 虚拟机自动抛出。

（4）异常处理基础。

①System.out.println 是高代价的。调用 System.out.println 会降低系统吞吐量。

②在生产环境中不要用异常的 printStackTrace()方法。printStackTrace 默认会把调用的堆栈打印到控制台上，在生产环境中访问控制台是不现实的。

（5）异常处理基本原则。

①如果不能处理异常，则不要捕获该异常。

②如果要捕获，则应在距离异常源较近的地方捕获它。

③不要吞没捕获的异常。

④除非重新抛出异常，否则把它记录下来。

⑤当一个异常被重新包装，然后重新抛出的时候，不要打印堆栈状态。

⑥用自定义的异常类，不要每次需要抛出异常的时候都抛出 java.lang.Exception。方法的调用者可以通过 throws 知道有哪些异常需要处理。

⑦如果编写业务逻辑，对于终端用户无法修复的错误，系统应该抛出非检查异常；如果编写一个第三方的包给其他的开发人员用，对于不可修复的错误要用需要检查异常。

⑧必须使用 throws 语句声明需要检查的异常。

⑨应用级别的错误或不可修复的系统异常，使用非检查异常抛出。

⑩根据异常的粒度组织方法。

6.2.8　什么时候使用 throws

题面解析：本题通常出现在面试中，考官提问该问题主要是想考查应聘者对 throws 的掌握情况，看面试者是否能正确地使用 throws。

解析过程：

函数里调用的函数可能会抛出异常，而抛出的异常在本函数内不想处理的时候就加上

throws。异常必须处理，否则程序就中止了。

例如调用 Integer.praseInt()时可能会出现异常，有两种选择：

（1）交给调用本函数的程序处理，加上 throw；

（2）自己加上 try…catch 语句，包住可能抛出异常的语句。

6.2.9 Java 中 Error 和 Exception 有什么区别

题面解析：本题主要考查的是基本的概念，首先应对 Error 有基本的了解，同时对 Exception 也要有所认识，清楚两者之间的联系和区别，能够向面试官讲解清楚。

解析过程：

Error 类和 Exception 类的父类都是 throwable 类，两者之间的区别如下：

（1）Error 类一般是指与虚拟机相关的问题，如系统崩溃、虚拟机错误、内存空间不足、方法调用栈溢等。对于这类错误导致的应用程序中断，仅靠程序本身无法恢复和预防，遇到这样的错误，建议让程序终止。

（2）Exception 类表示程序可以处理的异常，可以捕获且可能恢复。遇到这类异常，应该尽可能处理异常，使程序恢复运行，而不应该随意终止异常。

Exception 类又分为运行时异常和检查异常。

（1）运行时异常：ArithmaticException、IllegalArgumentException 等编译能通过，但是一运行就终止了，程序不会处理运行时异常。出现这类异常，程序会终止。

（2）检查异常：可以使用 try…catch 捕获，也可以使用 throws 字句声明抛出，交给它的父类处理，否则编译不会通过。

Exception（异常）是应用程序中可能的可预测、可恢复问题。一般大多数异常表示中度到轻度的问题。异常一般是在特定环境下产生的，通常出现在代码的特定方法和操作中。在 EchoInput 类中，当试图调用 readLine()方法时，可能出现 IOException 异常。

Exception 类有一个重要的子类 RuntimeException。RuntimeException 类及其子类表示“JVM 常用操作”引发的错误。例如，若试图使用空值对象引用、除数为零或数组越界，则分别引发运行时异常（NullPointerException、ArithmaticException）和 ArrayIndexOutOfBoundException。

Error（错误）表示运行应用程序中较严重的问题。大多数错误与代码编写者执行的操作无关，而是表示代码运行时 JVM（Java 虚拟机）出现的问题。例如，当 JVM 不再有继续执行操作所需的内存资源时，将出现 OutOfMemoryError。

6.2.10 Java 中的 finally 是否一定会执行

题面解析：本题是对 finally 的考查，Java 中的 finally 代码块在程序运行时是否一定会执行，如果不会执行，是因为什么原因不会执行，分析其中的原理和原因。

解析过程：

熟悉 Java 的人一定经常听说 finally 块中的代码一定会执行，但实际上真的是这样吗？接下来我们看一下 Java 中有哪些情况下 finally 中的代码不会执行。

先来解释 Java 中总是被人们放到一起比较的三个概念。

final、finally、finalize 的区别：

- final：Java 中的修饰符。final 修饰的类不能被继承，final 修饰的方法不能被重写，final 修饰的变量初始化之后不能被修改（当然这条不是绝对的，Java 中有一些手段可以修改）。
- finally：Java 异常处理的组成部分，finally 代码块中的代码一定会执行，常用于释放资源。
- finalize：Object 类中的一个方法，垃圾收集器删除对象之前会调用这个对象的 finalize() 方法。

finally 与 return 的使用：

```
public static int getNum(){
    int a = 10;
    try {
        a = 20;
        //a = a/0;
        return a;
    } catch (Exception e) {
        a = 30;
        return a;
    }finally{
        a = 40;
        //return a;
    }
}//调用 return 返回 20
```

有不少人认为该方法的返回值是 40。执行完 finally 中的代码后 a 的值是 40，这是毋庸置疑的，但方法执行的结果为什么是 20 呢？那是因为在执行 finally 之前，程序将 return 结果赋值给临时变量，然后执行 finally 代码块，最后将临时变量返回。当然如果在 finally 代码块中有 return 语句，最终生效的是 finally 代码块中的 return。

下面我们接着看一个例子：

```
public static void main(String[] args) {
    System.out.println(getMap().get("name").toString());
}
public static Map<String, String> getMap() {
    Map<String, String> map = new HashMap<String, String>();
    map.put("name", "zhangsan");
    try {
        map.put("name", "lisi");
        return map;
    }
    catch (Exception e) {
        map.put("name", "wangwu");
    }
    finally {
        map.put("name", "zhaoliu");
        map = null;
    }
    return map;
}
```

以上代码更加证实了 return 返回的不是变量本身，而是这里的“临时变量”，这里也说明了 Java 中只有值传递没有引用传递。

以下给大家列举四种 finally 中的代码不会执行的情况。

（1）在执行异常处理代码之前程序已经返回。

```
public static boolean getTrue(boolean flag) {
    if (flag) {
        return flag;
    }
    try {
        flag = true;
        return flag;
    } finally {
        System.out.println("我是一定会执行的代码？");
    }
}
```

如果上述代码传入的参数为 true，那么 finally 中的代码就不会执行了。

（2）在执行异常处理代码之前程序抛出异常。

```
public static boolean getTrue(boolean flag) {
    int i = 1/0;
    try {
        flag = true;
        return flag;
    } finally {
        System.out.println("我是一定会执行的代码？");
    }
}
```

这里会抛出异常，finally 中的代码同样不会执行。原理同（1）中差不多，只有与 finally 相对应的 try 语句块得到执行的情况下，finally 语句块才会执行。

（3）finally 之前执行了 System.exit()。

```
public static boolean getTrue(boolean flag) {
    try {
        flag = true;
        System.exit(1);
        return flag;
    } finally {
        System.out.println("我是一定会执行的代码？");
    }
}
```

System.exit()是用于结束当前正在运行中的 Java 虚拟机，参数为 0 代表程序正常退出，参数为非 0 代表程序非正常退出。整个程序都结束了，最终 finally 肯定也不会执行。

（4）所有后台线程终止时，后台线程会突然终止。

```
public static void main(String[] args) {
    Thread t1 = new Thread(new Runnable() {
        @Override
        public void run() {
            try {
                Thread.sleep(5);
            } catch (Exception e) {
            }finally{
                System.out.println("我是一定会执行的代码？");
            }
        }
    });
    t1.setDaemon(true);//设置 t1 为后台线程
    t1.start();
```

```
    System.out.println("我是主线程中的代码,主线程是非后台线程。");
}
```

在以上代码中，后台线程 t1 中有 finally 块，但在执行前，主线程终止了，导致后台线程立即终止，故 finally 块无法执行。

总结：

（1）与 finally 相对应的 try 语句得到执行的情况下，finally 才有可能执行。

（2）finally 执行前，程序或线程终止，finally 不会执行。

6.2.11　运行时异常和一般异常有什么区别

题面解析：本题是对 Java 中异常处理机制的考查，主要是分析运行时的异常和一般异常之间的区别有哪些。

解析过程：

Java 提供了常出现的两类异常：检查异常和运行时异常。

（1）检查异常主要是指 I/O 异常、SQL 异常等。对于这种异常，JVM 要求我们必须对其进行 catch 处理，所以，面对这种异常，不管我们是否愿意，都是要写一大堆的 catch 块去处理可能出现的异常。

（2）运行时异常一般不处理，当出现这类异常的时候程序会由虚拟机接管。比如，我们从来没有去处理过 NullPointerException，而且这个异常还是最常见的异常之一。

出现运行时异常的时候，程序会将异常一直向上抛，一直抛到遇到处理代码，如果没有 catch 块进行处理，到了最上层，如果是多线程就有 Thread()抛出，如果不是多线程那么就由 main()抛出。抛出之后，如果是线程，那么该线程也就终止了，如果是主程序，那么该程序也就终止了。

其实运行时异常也是继承自 Exception，也可以用 catch 块对其处理，只是我们一般不处理罢了。也就是说，如果不对运行时异常进行 catch 处理，那么结果不是线程退出就是主程序终止。

如果不想终止，那么我们就必须捕获所有可能出现的运行时异常。如果程序中出现了异常数据，但是它不影响下面的程序执行，那么我们就该在 catch 块里面将异常数据舍弃，然后记录日志。如果它影响到了下面的程序运行，那么还是退出程序比较好些。

6.3　名企真题解析

接下来，我们收集了一些大企业往年的面试及笔试题，读者可以根据以下题目来作参考，看自己是否已经掌握了基本的知识点。

6.3.1　请说一下 Java 中的异常处理机制

【选自 DD 笔试题】

题面解析：本题是对 Java 中异常处理机制的考查，不是特别难，主要是能够完善地说出异常处理机制并且能够分析即可。

解析过程：

（1）在 Java 应用程序中，异常处理机制为抛出异常和捕获异常。

①抛出异常：当一个方法出现错误引发异常时，方法创建异常对象并交付运行时系统，异常对象中包含了异常类型和异常出现时的程序状态等异常信息。运行时系统负责寻找处置异常的代码并执行。

②捕获异常：在方法抛出异常之后，运行时系统将转为寻找合适的异常处理器（exception handler）。潜在的异常处理器是异常发生时依次存留在调用栈中的方法的集合。当异常处理器所能处理的异常类型与方法抛出的异常类型相符时，即为合适的异常处理器。运行时系统从发生异常的方法开始，依次回查并且调用栈中的方法，直至找到含有合适异常处理器的方法并执行。当运行时系统遍历调用栈而未找到合适的异常处理器时，运行时系统终止。同时，意味着 Java 程序的终止。

（2）对于运行时异常、错误或可查异常，Java 技术所要求的异常处理方式有所不同。

①由于运行时异常的不可查性，为了更合理、更容易地实现应用程序，Java 规定，运行时的异常将由 Java 运行时系统自动抛出，允许应用程序忽略运行时异常。

②对于方法运行中可能出现的 Error，当运行方法不欲捕获时，Java 允许该方法不做任何抛出声明。因为大多数 Error 异常属于永远不能被允许发生的状况，也属于合理的应用程序不该捕获的异常。

③对于所有的可查异常，Java 规定：一个方法必须捕获，或者声明抛出方法之外。也就是说，当一个方法选择不捕获可查异常时，它必须声明将抛出异常。

（3）能够捕获异常的方法，需要提供相符类型的异常处理器。

①所捕获的异常可能是由于自身语句所引发并抛出的异常，也可能是由某个调用的方法或者 Java 运行时系统等抛出的异常。也就是说，一个方法所能捕获的异常，一定是 Java 代码在某处所抛出的异常。简单地说，异常总是先被抛出后被捕获的。

②任何 Java 代码都可以抛出异常，如自己编写的代码、来自 Java 开发环境包中代码或者 Java 运行时系统。无论是哪个，都可以通过 Java 的 throw 语句抛出异常。从方法中抛出的任何异常都必须使用 throws 子句。捕获异常通过 try…catch 语句或者 try…catch…finally 语句实现。

6.3.2　什么是异常链

【选自 BD 面试题】

题面解析：本题主要考查异常链的基础知识。应聘者需要知道它是如何产生的，以及产生之后如何进行处理，这道题在面试过程中是经常被问到的。看到题目时读者可能感觉很陌生，没关系，通过以下解析，相信读者会对异常链有所了解。

解析过程：

异常链是一种面向对象编程技术，指将捕获的异常包装进一个新的异常中并重新抛出的异常处理方式。原异常被保存为新异常的一个属性（比如 cause）。这个想法是指一个方法应该抛出定义在相同的抽象层次上的异常，但不会丢弃更低层次的信息。其实意思就是处理异常 1 的同时会抛出异常 2，并且希望把原始的异常信息保存下来。

在 JDK 1.4 以前，作为一个程序员，我们必须要自己编写代码来保存原始的异常信息。现在，所有 Throwable 的子类在构造器中都可以接受一个 cause（因由）对象作为参数。

此 cause 用来表示原始异常，这样通过将原始异常传递给新的异常，即使当前位置创建并抛出了新的异常，也能通过这个异常链追踪到异常最初发生的地方。

下面使用代码进行演示：

```
//异常链
class DynamicFieldException extends Exception{}
public class DynamicFields {
    private Object[][] fields;
    public DynamicFields(int initialSize) {
        fields = new Object[initialSize][2];
        for(int i=0;i<initialSize;i++)
        fields[i] = new Object[] {null,null};
    }
    public String toString() {
        StringBuilder result = new StringBuilder();
        for(Object[] obj:fields) {
           result.append(obj[0]);
           result.append(": ");
           result.append(obj[1]);
           result.append("\n");
        }
        return result.toString();
    }
    private int hasField(String id) {
        for(int i = 0;i<fields.length;i++)
        if(id.equals(fields[i][0]))
        return i;
        return -1;
    }
    private int
    getFieldNumber(String id) throws NoSuchFieldException{
        int fieldNum = hasField(id);
        if(fieldNum == -1)
        throw new NoSuchFieldException();
        return fieldNum;
    }
    private int makeField(String id) {
        for(int i = 0;i<fields.length; i++)
        if(fields[i][0] == null) {
           fields[i][0] = id;
           return i;
        }
        Object[][] tmp = new Object[fields.length+1][2];
        for(int i = 0;i<fields.length;i++)
        tmp[i]=fields[i];
        for(int i = fields.length;i<tmp.length;i++)
        tmp[i] = new Object[] {
           null,null
        };
        fields = tmp;
        //Recursive call with expanded fields:
        return makeField(id);
    }
    public Object
    getField(String id) throws NoSuchFieldException{
        return fields[getFieldNumber(id)][1];
    }
```

```
    public Object setField(String id,Object value)
    throws DynamicFieldException{
        if(value == null) {
            DynamicFieldException dfe = new DynamicFieldException();
            dfe.initCause(new NullPointerException());
            throw dfe;
        }
        int fieldNumber = hasField(id);
        if(fieldNumber == -1)
        fieldNumber = makeField(id);
        Object result = null;
        try {
            result = getField(id);
        }catch(NoSuchFieldException e) {
            throw new RuntimeException(e);
        }
        fields[fieldNumber][1] = value;
        return result;
    }
    public static void main(String[] args) {
        DynamicFields df = new DynamicFields(3);
        System.out.println(df);
        try {
            df.setField("d", "A value for d");
            df.setField("Number",47);
            df.setField("Number2",48);
            System.out.println(df);
            df.setField("d", "A new value for d");
            df.setField("Number3", 11);
            System.out.println("df:"+df);
            System.out.println("df.getField(\"d\"):"+df.getField("d"));
            Object field = df.setField("d", null);
        }catch(NoSuchFieldException e) {
            e.printStackTrace(System.out);
        }catch(DynamicFieldException e) {
            e.printStackTrace(System.out);
        }
    }
}
```

运行以上代码后，结果如图 6-5 所示。

```
d: A value for d
Number: 47
Number2: 48

df:d: A new value for d
Number: 47
Number2: 48
Number3: 11

df.getField("d"):A new value for d
捕获所有异常.DynamicFieldException
        at 捕获所有异常.DynamicFields.setField(DynamicFields.java:58)
        at 捕获所有异常.DynamicFields.main(DynamicFields.java:86)
Caused by: java.lang.NullPointerException
        at 捕获所有异常.DynamicFields.setField(DynamicFields.java:59)
        ... 1 more
```

图 6-5　程序运行结果

6.3.3　finally 块中的代码执行问题

【选自 BD 面试题】

试题题面：如果执行 finally 代码块之前方法返回了结果，或者 JVM 退出，这时 finally 块中的代码还会执行吗？

题面解析：本题也是在大型企业的面试中最常问的问题之一，主要考查 finally 代码块是否执行的问题，应聘者需要全面地对问题进行分析。

解析过程：

Java 程序中的 finally 块并不一定会被执行，至少有两种情况 finally 语句是不会执行的。

（1）try 语句没有被执行到。

即没有进入 try 代码块，对应的 finally 自然不会执行。比如，在 try 语句之前 return 就返回了，这样 finally 不会执行；或者在程序进入 Java 之前就出现异常，会直接结束，也不会执行 finally 块。

（2）在 try…catch 块中有 System.exit(0)来退出 JVM。

System.exit(0)是终止 JVM 的，会强制退出程序，finally{}中的代码就不会被执行。

6.3.4 final、finally、finalize 有什么区别

【选自 GG 面试题】

题面解析：本题主要是针对三种相似修饰符之间的区别进行分析，应聘者需要知道这三者之间是如何使用的，以及都适用于哪种场景。

解析过程：

1. final

（1）修饰符（关键字）如果一个类被声明为 final，这意味着它不能再派生新的子类，不能作为父类被继承。因此一个类不能既被声明为 abstract，又被声明为 final。

（2）将变量或方法声明为 final，可以保证它们在使用中不被改变。被声明为 final 的变量必须在声明时给定初值，而以后的引用中只能读取，不可修改，被声明为 final 的方法也同样只能使用，不能重载。

2. finally

在异常处理时提供 finally 块来执行相应操作。如果抛出一个异常，那么相匹配的 catch 语句就会被执行，然后控制就会进入 finally 块。

3. finalize

finalize 是方法名。Java 技术允许使用 finalize()方法，在垃圾收集器中将对象从内存中清除之前做必要的清理工作。这个方法是在垃圾收集器已经确定、被清理对象没有被引用的情况下调用的。

finalize 是在 Object 类中定义的，因此，所有的类都继承它。子类可以覆盖 finalize()方法来整理系统资源或者执行其他清理工作。

第 7 章

正则表达式

本章导读

本章我们将要学习的是 Java 正则表达式，正则表达式是 Java 中比较重要的一部分，可以使用正则表达式来切割字符串、匹配字符等，牢牢地掌握它对今后代码的书写有着重要的作用。在本章的开篇我们学习的是正则表达式的基础知识，然后根据基础知识进行面试、笔试题的练习，最后选择比较有针对性的互联网名企的面试、笔试题向大家展示。

知识清单

本章要点（已掌握的在方框中打钩）

- ☐ 正则表达式简介
- ☐ 常用元字符
- ☐ 正则引擎
- ☐ Pattern 与 Macther 类

7.1 正则表达式

本节首先要讲的是正则表达式的基础知识。正则表达式并不是 Java 固有的，其他编程语言例如 Python、JavaScript 等都支持正则表达式。对于正则表达式首先要知道的是它的基本元字符以及编写规则，其次多进行书写锻炼，达到熟能生巧。

7.1.1 正则表达式简介

正则表达式又称规则表达式（regular expression，在代码中常简写为 regex、regexp 或 RE），属于计算机科学的一个概念。正则表达式通常被用来检索、替换那些符合某个模式（规则）的文本。

许多程序设计语言都支持利用正则表达式进行字符串操作。例如，在 Perl 中就内建了一个功能强大的正则表达式引擎。正则表达式这个概念最初是由 UNIX 中的工具软件（例如 sed 和

grep）普及开的。正则表达式通常缩写成 regex，单数有 regexp、regex，复数有 regexps、regexes、regexen。

正则表达式是对字符串（包括普通字符，例如，a～z 的字母和特殊字符，称为“元字符”）操作的一种逻辑公式，就是用事先定义好的一些特定字符及这些特定字符的组合，组成一个“规则字符串”，这个“规则字符串”用来表达对字符串的一种过滤逻辑。正则表达式是一种文本模式，该模式描述在搜索文本时要匹配的一个或多个字符串。

在最近的六十年中，正则表达式逐渐从模糊而深奥的数学概念，发展成为在计算机各类工具和软件包应用中的主要功能。不仅仅众多 UNIX 工具支持正则表达式，近二十年来，在 Windows 的阵营下，正则表达式的思想和应用在大部分 Windows 开发者工具包中得到支持和嵌入应用。从正则表达式在 Microsoft Visual Basic 6 或 Microsoft VBScript 到.NET Framework 中的探索和发展，Windows 系列产品对正则表达式的支持发展到无与伦比的高度，几乎所有 Microsoft 开发者和所有.NET 语言都可以使用正则表达式。如果你是一位接触计算机语言的工作者，那么你会在主流操作系统（*nix[Linux, UNIX 等]、Windows、HP、BeOS 等）、主流的开发语言（Delphi、Scala、PHP、C#、Java、C++、Objective-c、Swift、VB、JavaScript、Ruby 以及 Python 等）、数以亿万计的各种应用软件中，都可以看到正则表达式的身影。

正则表达式的特点：

（1）灵活性、逻辑性和功能性非常强；

（2）可以迅速地用极简单的方式达到字符串的复杂控制；

（3）对于刚接触的人来说，可能会比较难接受。

由于正则表达式的主要应用对象是文本，因此它在各种文本编辑器场合都有应用，小到著名编辑器 EditPlus，大到 Microsoft Word、Visual Studio 等大型编辑器，都可以使用正则表达式来处理文本内容。

7.1.2　常用元字符

正则表达式由一些普通字符和一些元字符（metacharacters）组成。普通字符包括大小写的字母和数字，而元字符则具有特殊的含义。

在最简单的情况下，一个正则表达式看上去就是一个普通的查找串。例如，正则表达式“testing”中没有包含任何元字符，它可以匹配“testing”和“testing123”等字符串，但是不能匹配“Testing”。

要想真正地学好正则表达式的使用方法，正确地理解元字符是最重要的事情。表 7-1 列出了所有的元字符和对它们的一个简短的描述。

表 7-1　正则表达式元字符及其描述

元　字　符	描　　述
\	将下一个字符标记为一个特殊字符、或一个原文字符、或一个向后引用、或一个八进制转义符。例如，\\n 匹配\n。\n 匹配换行符。序列\\匹配\而\(则匹配(，即相当于多种编程语言中都有的“转义字符”的概念
^	匹配输入字行首。如果设置了 RegExp 对象的 Multiline 属性，^也匹配\n 或\r 之后的位置
$	匹配输入行尾。如果设置了 RegExp 对象的 Multiline 属性，$也匹配\n 或\r 之前的位置

续表

元 字 符	描 述
*	匹配前面的子表达式任意次。例如，zo*能匹配 z，也能匹配 zo 以及 zoo。*等价于{0,}
+	匹配前面的子表达式一次或多次(大于或等于 1 次）。例如，zo+能匹配 zo 以及 zoo，但不能匹配 z。+等价于{1,}
?	匹配前面的子表达式零次或一次。例如，do(es)?可以匹配 do 或 does。?等价于{0,1}
{n}	n 是一个非负整数。匹配确定的 n 次。例如，o{2}不能匹配 Bob 中的 o，但是能匹配 food 中的两个 o
{n,}	n 是一个非负整数。至少匹配 n 次。例如，o{2,}不能匹配 Bob 中的 o，但能匹配 foooood 中的所有 o。o{1,}等价于 o+。o{0,}则等价于 o*
{n,m}	m 和 n 均为非负整数，其中 n<=m。最少匹配 n 次且最多匹配 m 次。例如，o{1,3}将匹配 fooooood 中的前三个 o 为一组，后三个 o 为一组。o{0,1}等价于 o?。请注意，在逗号和两个数之间不能有空格
?	当该字符紧跟在任何一个其他限制符（*，+，?，{n}，{n,}，{n,m}）后面时，匹配模式是非贪婪的。非贪婪模式尽可能少地匹配所搜索的字符串，而默认的贪婪模式则尽可能多地匹配所搜索的字符串。例如，对于字符串"oooo"，o+将尽可能多地匹配 o，得到结果["oooo"]，而 o+?将尽可能少地匹配 o，得到结果 ['o', 'o', 'o', 'o']
.点	匹配除\n 和\r 之外的任何单个字符。要匹配包括\n 和\r 在内的任何字符，请使用像[\s\S]的模式
(pattern)	匹配 pattern 并获取这一匹配。所获取的匹配可以从产生的 Matches 集合得到，在 VB Script 中使用 SubMatches 集合，在 JavaScript 中则使用$0…$9 属性。要匹配圆括号字符，请使用\(或\)
(?:pattern)	非获取匹配，匹配 pattern 但不获取匹配结果，不进行存储供以后使用。这在使用或字符(|)来组合一个模式的各个部分时很有用。例如 industr(?:y|ies)就是一个比 industry|industries 更简略的表达式
(?=pattern)	非获取匹配，正向肯定预查，在任何匹配 pattern 的字符串开始处匹配查找字符串，该匹配不需要获取供以后使用。例如，Windows(?=95|98|NT|2000)能匹配 Windows 2000 中的 Windows，但不能匹配 Windows 3.1 中的 Windows。预查不消耗字符，也就是说，在一个匹配发生后，在最后一次匹配之后立即开始下一次匹配的搜索，而不是从包含预查的字符之后开始
(?!pattern)	非获取匹配，正向否定预查，在任何不匹配 pattern 的字符串开始处匹配查找字符串，该匹配不需要获取供以后使用。例如 Windows(?!95|98|NT|2000)能匹配 Windows 3.1 中的 Windows，但不能匹配 Windows 2000 中的 Windows
(?<=pattern)	非获取匹配，反向肯定预查，与正向肯定预查类似，只是方向相反。例如，(?<=95|98|NT|2000)Windows 能匹配 Windows 2000 版权中的操作系统，但不能匹配 Windows 3.1 版本中的操作系统。 Python 的正则表达式没有完全按照正则表达式规范实现，所以一些高级特性建议使用其他语言如 Java、Scala 等
(?<!patte_n)	非获取匹配，反向否定预查，与正向否定预查类似，只是方向相反。例如(?<!95|98|NT|2000)Windows 能匹配 3.1Windows 3.1 版本中的操作系统，但不能匹配 Windows 2000 版本中的操作系统。 Python 的正则表达式没有完全按照正则表达式规范实现，所以一些高级特性建议使用其他语言如 Java、Scala 等
x|y	匹配 x 或 y。例如，z|food 能匹配 z 或 food(此处请谨慎)。[z|f]ood 则匹配 zood 或 food
[xyz]	字符集合。匹配所包含的任意一个字符。例如，[abc]可以匹配 plain 中的 a
[^xyz]	负值字符集合。匹配未包含的任意字符。例如，[^abc]可以匹配 plain 中的 plin 任一字符

续表

元 字 符	描　述
[a-z]	字符范围。匹配指定范围内的任意字符。例如，[a-z]可以匹配 a～z 范围内的任意小写字母字符。注意，只有连字符在字符组内部，并且出现在两个字符之间时，才能表示字符的范围；如果出现字符组的开头，则只能表示连字符本身
[^a-z]	负值字符范围。匹配任何不在指定范围内的任意字符。例如，[^a-z]可以匹配任何不在 a～z 范围内的任意字符
\b	匹配一个单词的边界，也就是指单词和空格间的位置（即正则表达式的“匹配”有两种概念：一种是匹配字符；另一种是匹配位置，这里的\b 就是匹配位置的）。例如，er\b 可以匹配 never 中的 er，但不能匹配 verb 中的 er；\b1_可以匹配 1_23 中的 1_，但不能匹配 21_3 中的 1_
\B	匹配非单词边界。er\B 能匹配 verb 中的 er，但不能匹配 never 中的 er
\cx	匹配由 x 指明的控制字符。例如，\cM 匹配一个 Control-M 或回车符。x 的值必须为 A～Z 或 a～z 中之一。否则，将 c 视为一个原义的 c 字符
\d	匹配一个数字字符。等价于[0-9]。grep 要加上-P，Perl 正则支持
\D	匹配一个非数字字符。等价于[^0-9]。grep 要加上-P，Perl 正则支持
\f	匹配一个换页符。等价于\x0c 和\cL
\n	匹配一个换行符。等价于\x0a 和\cJ
\r	匹配一个回车符。等价于\x0d 和\cM
\s	匹配任何不可见字符，包括空格、制表符、换页符等。等价于[\f\n\r\t\v]
\S	匹配任何可见字符。等价于[^ \f\n\r\t\v]
\t	匹配一个制表符。等价于\x09 和\cI
\v	匹配一个垂直制表符。等价于\x0b 和\cK
\w	匹配包括下画线的任何单词字符。类似但不等价于[A-Za-z0-9_]，这里的单词字符使用 Unicode 字符集
\W	匹配任何非单词字符。等价于[^A-Za-z0-9_]
\xn	匹配 n，其中 n 为十六进制转义值。十六进制转义值必须为确定的两个数字长。例如，\x41 匹配 A。\x041 则等价于\x04&1。正则表达式中可以使用 ASCII 码
\num	匹配 num，其中 num 是一个正整数。对所获取的匹配的引用。例如，(.)\1 匹配两个连续的相同字符
\n	标识一个八进制转义值或一个向后引用。如果\n 之前至少有 n 个获取的子表达式，则 n 为向后引用。否则，如果 n 为八进制数字（0～7），则 n 为一个八进制转义值
\nm	标识一个八进制转义值或一个向后引用。如果\nm 之前至少有 nm 个获取的子表达式，则 nm 为向后引用。如果\nm 之前至少有 n 个获取的子表达式，则 n 为一个后跟文字 m 的向后引用。如果前面的条件都不满足，若 n 和 m 均为八进制数字（0～7），则\nm 将匹配八进制转义值 nm
\nml	如果 n 为八进制数字（0～7），且 m 和 l 均为八进制数字（0～7），则匹配八进制转义值 nml
\un	匹配 n，其中 n 是一个用 4 个十六进制数字表示的 Unicode 字符。例如，\u00A9 匹配版权符号（©）
\p{P}	小写 p 是 property 的意思，表示 Unicode 属性，用于 Unicode 正表达式的前缀。中括号内的 P 表示 Unicode 字符集 7 个字符属性之一：标点字符 其他 6 个属性： L：字母；

续表

元 字 符	描 述
\p{P}	M：标记符号（一般不会单独出现）； Z：分隔符（比如空格、换行等）； S：符号（比如数学符号、货币符号等）； N：数字（比如阿拉伯数字、罗马数字等）； C：其他字符。 注：此语法部分语言不支持，例如 JavaScript
\< \>	匹配词（word）的开始（\<）和结束（\>）。例如正则表达式\<the\>能够匹配字符串"for the wise"中的"the"，但是不能匹配字符串"otherwise"中的"the"。注意：这个元字符不是所有的软件都支持的
( )	将 (和) 之间的表达式定义为“组”（group），并且将匹配这个表达式的字符保存到一个临时区域（一个正则表达式中最多可以保存 9 个），它们可以用 \1～\9 的符号来引用
|	将两个匹配条件进行逻辑“或”（or）运算。例如正则表达式(him|her) 匹配"it belongs to him"和"it belongs to her"，但是不能匹配"it belongs to them."。注意：这个元字符不是所有的软件都支持的

最简单的元字符是点，它能够匹配任何单个字符（不包括换行符）。

假定有个文件 test.txt 包含以下几行内容：

```
he is arat
he is in a rut
the food is Rotten
I like root beer
```

我们可以使用 grep 命令来测试正则表达式，grep 命令使用正则表达式去尝试匹配指定文件的每一行，并将至少有一处匹配表达式的所有行显示出来。命令如下：

```
grep r.t test.txt
```

在 test.txt 文件中的每一行中搜索正则表达式 r.t，并打印输出匹配的行。正则表达式 r.t 匹配一个 r 接着任何一个字符再接着一个 t。所以它将匹配文件中的 rat 和 rut，而不能匹配 Rotten 中的 Rot，因为正则表达式是大小写敏感的。要想同时匹配大写和小写字母，应该使用字符区间元字符（方括号）。正则表达式[Rr]能够同时匹配 R 和 r。所以，要想匹配一个大写或者小写的 r 接着任何一个字符再接着一个 t 就要使用这个表达式：[Rr].t。

要想匹配行首的字符要使用抑扬字符（^）——有时也被叫作插入符。例如，想找到 text.txt 中行首"he"打头的行，可能会先用简单表达式 he，但是这会匹配第三行的 the，所以要使用正则表达式^he，它只匹配在行首出现的 he。

有时候指定“除了×××都匹配”会比较容易达到目的，当抑扬字符（^）出现在方括号中时，它表示“排除”，例如要匹配 he，但是排除前面是 tors 的情况（也就是 the 和 she），可以使用：[^st]he。

可以使用方括号来指定多个字符区间。例如正则表达式[A-Za-z]匹配任何字母，包括大写和小写的；正则表达式[A-Za-z][A-Za-z]*匹配一个字母后面接着 0 个或者多个字母（大写或者小写）。当然也可以用元字符+做到同样的事情，也就是：[A-Za-z]+和[A-Za-z][A-Za-z]*完全等价。但是要注意元字符+并不是所有支持正则表达式的程序都支持的。关于这一点可以参考后面的正则表达式语法支持情况。

要指定特定数量的匹配，就要使用大括号（注意并不是所有扩展正则表达式的实现都支持大括号。此外，根据具体的实现，可能需要先使用反斜杠对其进行转义）。想匹配所有 7 和 70 的实例而排除 1 和 700，可以使用 7\{1,2\}或 7{1, 2}，这个正则表达式匹配数字 1 后面跟着 1 或者 2 个 0 的模式。在这个元字符的使用中一个有用的变化是忽略第二个数字，例如正则表达式 0\{3,\}或 0{3,}，将匹配至少 3 个连续的 0。

7.1.3　正则引擎

正则引擎主要可以分为两大类：一种是 DFA；另一种是 NFA。这两种引擎都有了很久的历史（至今二十多年），当中也由这两种引擎产生了很多变体。POSIX 的出台规避了不必要变体的继续产生。这样一来，主流的正则引擎又分为 DFA、传统型 NFA 和 POSIX NFA 3 类。

DFA 引擎在线性时状态下执行，因为它们不要求回溯（并因此它们永远不测试相同的字符两次）。DFA 引擎还可以确保匹配最长的可能的字符串。但是，因为 DFA 引擎只包含有限的状态，所以它不能匹配具有反向引用的模式；并且因为它不构造显示扩展，所以它不可以捕获子表达式。

传统的 NFA 引擎运行所谓的“贪婪的”匹配回溯算法，以指定顺序测试正则表达式的所有可能的扩展并接受第一个匹配项。因为传统的 NFA 构造正则表达式的特定扩展以获得成功的匹配，所以它可以捕获子表达式匹配和匹配的反向引用。但是，因为传统的 NFA 回溯，所以它可以访问完全相同的状态多次（如果通过不同的路径到达该状态）。因此，在最坏情况下，它的执行速度可能非常慢。因为传统的 NFA 接受它找到的第一个匹配，所以它还可能会导致其他（可能更长）匹配未被发现。

POSIX NFA 引擎与传统的 NFA 引擎类似，不同的一点在于：在它们可以确保已找到了可能的最长的匹配之前，它们将继续回溯。因此，POSIX NFA 引擎的速度慢于传统的 NFA 引擎；并且在使用 POSIX NFA 时，用户不愿意在更改回溯搜索的顺序的情况下来支持较短的匹配搜索，而非较长的匹配搜索。

使用 DFA 引擎的程序主要有 awk、egrep、flex、lex、MySQL、Procmail 等。

使用传统型 NFA 引擎的程序主要有 GNU Emacs、Java,ergp、less,more、.NET 语言、PCRE library、Perl、PHP、Python、Ruby、sed、vi。

使用 POSIX NFA 引擎的程序主要有 mawk、Mortice Kern Systems' utilities、GNU Emacs（使用时可以明确指定）。

也有使用 DFA/NFA 混合的引擎：GNU awk、GNU grep/egrep、Tcl。

举例简单说明 NFA 与 DFA 工作的区别。

比如有字符串"this is yansen's blog"，正则表达式为/ya（msen|nsen|nsem）/（不要在乎表达式怎么样，这里只是为了说明引擎间的工作区别）。NFA 工作方式如下：先在字符串中查找 y 然后匹配其后是否为 a，如果是 a 则继续，查找其后是否为 m，如果不是则匹配其后是否为 n（此时淘汰 msen 选择支）。然后继续看其后是否依次为 s、e，接着测试是否为 n，若是 n 则匹配成功，不是则测试是否为 m。为什么是 m？因为 NFA 工作方式是以正则表达式为标准，反复测试字符串，这样同样一个字符串有可能被反复测试了很多次。

而 DFA 则不是如此，DFA 会从 this 中的 t 开始依次查找 y，定位到 y，已知其后为 a，则查看表达式是否有 a，此处正好有 a。a 后为 n，DFA 依次测试表达式，此时 msen 不符合要求被淘汰。nsen 和 nsem 符合要求，然后 DFA 依次检查字符串，检测到 sen 中的 n 时只有 nsen 分支符合，则匹配成功。

由此可以看出，两种引擎的工作方式完全不同，一个（NFA）以表达式为主导，一个（DFA）以文本为主导。一般而言，DFA 引擎搜索更快一些，但是 NFA 以表达式为主导，反而更容易操作，因此一般程序员更偏爱 NFA 引擎。两种引擎各有所长，而真正的引用则取决于你的需要以及所使用的语言。

7.1.4 Pattern 与 Macther 类

java.util.regex 是一个用正则表达式定制的模式来对字符串进行匹配工作的类库包。它包括两个类：Pattern 和 Matcher。一个 Pattern 是一个正则表达式经编译后的表现模式。一个 Matcher 对象是一个状态机器，它依据 Pattern 对象作为匹配模式对字符串展开匹配检查。首先一个 Pattern 实例定制了一个所用语法与 Perl 类似的正则表达式经编译后的模式，然后一个 Matcher 实例在这个给定的 Pattern 实例的模式控制下进行字符串的匹配工作。

以下我们就分别来看看这两个类。

1. 捕获组

捕获组可以通过从左到右的方式计算其开括号来编号，编号是从 1 开始的。例如，在表达式((A)(B(C)))中，存在四个这样的组：

```
1        ((A)(B(C)))
2        (A)
3        (B(C))
4        (C)
```

以（?）开头的组是纯的非捕获组，它不捕获文本，也不针对组合进行计数。

与组关联的捕获输入始终是与组最近匹配的子序列。如果由于量化的缘故再次计算了组，则在第二次计算失败时将保留其以前捕获的值（如果有的话）。例如，将字符串"aba"与表达式“(a(b)?)+”相匹配，会将第二组设置为 b。在每个匹配的开头，所有捕获的输入都会被丢弃。

2. Pattern 类和 Matcher 类

Java 正则表达式通过 java.util.regex 包下的 Pattern 类与 Matcher 类实现。

Pattern 类用于创建一个正则表达式，也可以说创建一个匹配模式，它的构造方法是私有的，不可以直接创建，但可以通过 Pattern.complie(String regex)方法创建一个正则表达式。

例如：

```
Pattern p=Pattern.compile("\\w+");
p.pattern();//返回 \w+
```

pattern()返回正则表达式的字符串形式，其实就是返回 Pattern.complile(String regex)的 regex 参数。

1）Pattern.split(CharSequence input)

Pattern 有一个 split(CharSequence input)方法，用于分隔字符串，并返回一个 String[]，String.split(String regex)就是通过 Pattern.split(CharSequence input)来实现的。

例如：

```
Pattern p=Pattern.compile("\\d+");
String[] str=p.split("我的QQ是:456456 我的电话是:0532214 我的邮箱是:aaa@aaa.com");
```

输出结果如下：

```
str[0]="我的QQ是:" str[1]="我的电话是:" str[2]="我的邮箱是:aaa@aaa.com"
```

2）Pattern.matcher(String regex,CharSequence input)

这是一个静态方法，用于快速匹配字符串。该方法适合用于只匹配一次，且匹配全部字符串。

例如：

```
Pattern.matches("\\d+","2223");//返回 true
Pattern.matches("\\d+","2223aa");//返回 false，需要匹配到所有字符串才能返回 true，这里 aa
不能匹配到
Pattern.matches("\\d+","22bb23");//返回 false，需要匹配到所有字符串才能返回 true，这里 bb
不能匹配到
```

3）Pattern.matcher(CharSequence input)

Pattern.matcher(CharSequence input)返回一个 Matcher 对象。

Matcher 类的构造方法也是私有的，不能随意创建，只能通过 Pattern.matcher(CharSequence input)方法得到该类的实例。

Pattern 类只能做一些简单的匹配操作，要想得到更强、更便捷的正则匹配操作，那就需要让 Pattern 与 Matcher 一起合作。Matcher 类提供了对正则表达式的分组支持，以及对正则表达式的多次匹配支持。

例如：

```
Pattern p=Pattern.compile("\\d+");
Matcher m=p.matcher("22bb23");
m.pattern();//返回 p 也就是返回该 Matcher 对象是由哪个 Pattern 对象创建的
```

4）Matcher.matches()/Matcher.lookingAt()/Matcher.find()

Matcher 类提供三个匹配操作方法，三个方法均返回 boolean 类型，当匹配到时返回 true，没匹配到则返回 false。

matches()对整个字符串进行匹配，只有整个字符串都匹配了才返回 true。

例如：

```
Pattern p=Pattern.compile("\\d+");
Matcher m=p.matcher("22bb23");
m.matches();//返回 false，因为 bb 不能被\d+匹配，导致整个字符串匹配未成功
Matcher m2=p.matcher("2223");
m2.matches();//返回 true，因为\d+匹配到了整个字符串
```

现在我们看一下 Pattern.matcher(String regex,CharSequence input)，它与下面的代码是等价的。

```
Pattern.compile(regex).matcher(input).matches()
```

lookingAt()对前面的字符串进行匹配，只有匹配到的字符串在最前面才返回 true。

例如：

```
Pattern p=Pattern.compile("\\d+");
Matcher m=p.matcher("22bb23");
m.lookingAt();//返回 true，因为\d+匹配到了前面的 22
```

```
Matcher m2=p.matcher("aa2223");
m2.lookingAt();//返回 false, 因为\d+不能匹配前面的 aa
```

find()对字符串进行匹配，匹配到的字符串可以在任何位置。

例如：

```
Pattern p=Pattern.compile("\\d+");
Matcher m=p.matcher("22bb23");
m.find();//返回 true
Matcher m2=p.matcher("aa2223");
m2.find();//返回 true
Matcher m3=p.matcher("aa2223bb");
m3.find();//返回 true
Matcher m4=p.matcher("aabb");
m4.find();//返回 false
```

5）Mathcer.start()/Matcher.end()/Matcher.group()

当使用 matches()、lookingAt()、find()执行匹配操作后，就可以利用以上三个方法得到更详细的信息。

start()返回匹配到的子字符串在字符串中的索引位置；

end()返回匹配到的子字符串的最后一个字符在字符串中的索引位置；

group()返回匹配到的子字符串。

例如：

```
Pattern p=Pattern.compile("\\d+");
Matcher m=p.matcher("aaa2223bb");
m.find();           //匹配 2223
m.start();          //返回 3
m.end();            //返回 7, 返回的是 2223 后的索引号
m.group();          //返回 2223
Mathcer m2=m.matcher("2223bb");
m.lookingAt();      //匹配 2223
m.start();          //返回 0, 由于 lookingAt()只能匹配前面的字符串, 所以当使用 lookingAt()匹配
时, start()方法总是返回 0
m.end();            //返回 4
m.group();          //返回 2223
Matcher m3=m.matcher("2223bb");
m.matches();        //匹配整个字符串
m.start();          //返回 0, 原因相信大家也清楚了
m.end();            //返回 6, 原因相信大家也清楚了, 因为 matches()需要匹配所有字符串
m.group();          //返回 2223bb
```

下面向大家介绍正则表达式的分组在 Java 中是如何使用的。

start()、end()、group()均有一个重载方法，它们是 start(int i)、end(int i)、group(int i)，专用于分组操作。Mathcer 类还有一个 groupCount()用于返回有多少组。

例如：

```
Pattern p=Pattern.compile("([a-z]+)(\\d+)");
Matcher m=p.matcher("aaa2223bb");
m.find();               //匹配 aaa2223
m.groupCount();         //返回 2, 因为有两组
m.start(1);             //返回 0, 返回第一组匹配到的子字符串在字符串中的索引号
m.start(2);             //返回 3
m.end(1);               //返回 3, 返回第一组匹配到的子字符串的最后一个字符在字符串中的索引位置
```

```
m.end(2);                //返回 7
m.group(1);              //返回 aaa，返回第一组匹配到的子字符串
m.group(2);              //返回 2223，返回第二组匹配到的子字符串
```

假设有一段文本，里面有很多数字，而且这些数字是分开的，我们现在要将文本中所有数字都取出来，利用 Java 的正则操作非常的简单。

代码如下：

```
Pattern p=Pattern.compile("\\d+");
Matcher m=p.matcher("我的 QQ 是:456456 我的电话是:0532214 我的邮箱是:aaa123@aaa.com");
while(m.find()) {
    System.out.println(m.group());
}
```

结果：

```
456456
0532214
123
```

如将以上 while()循环替换成下列代码：

```
while(m.find()) {
    System.out.println(m.group());
    System.out.print("start:"+m.start());
    System.out.println(" end:"+m.end());
}
```

则输出：

```
456456
start:6 end:12
0532214
start:19 end:26
123
start:36 end:39
```

现在可以看到，每次执行匹配操作后 start()、end()、group()三个方法的值都会改变，改变成匹配到的子字符串的信息，以及它们的重载方法也会改变成相应的信息。

☆**注意**☆　只有当匹配操作成功，才可以使用 start()、end()、group()三个方法，否则会抛出 java.lang.IllegalStateException，也就是当 matches()、lookingAt()、find()其中任意一个方法返回 true 时，才可以使用。

7.2　精选面试、笔试题解析

前面已经将 Java 正则表达式的基础知识介绍完毕，本节总结了一些面试、笔试中经常会遇到的问题，先进行题面的解析，然后将解析过程以及问题答案告诉读者，以便读者在遇到此类问题的时候知道如何进行回答。

7.2.1　正则表达式中的常用元字符有哪些

题面解析：这道题是一道考查记忆类题目，主要是对 Java 正则表达式中元字符熟悉程度的考查，这道题本身并没有什么技巧，只能在书写代码的过程中锻炼并加以记忆，才能够灵活地

运用。

解析过程：

元字符是在 Java 正则表达式中具有特殊含义的字符。

Java 中的正则表达式支持的元字符如下：

```
( ) [ ] { { \ ^ $ | ? * + . < > - = !
```

1. 字符类

（1）元字符[和]指定正则表达式中的字符类。

（2）字符类是一组字符，正则表达式引擎将尝试匹配集合中的一个字符。

（3）字符类[ABC]将匹配字符 A、B 或 C。

例如，字符串"woman"或"women"将匹配正则表达式 wom[ae]n。

（4）可以使用字符类指定一个字符范围，范围使用连字符“-”表示。例如：

- [A-Z]表示任何大写英文字母；
- [0-9]表示 0～9 的任何数字；
- ^表示不是；
- [^ABC]表示除 A、B 和 C 以外的任何字符；
- 字符类[^A-Z]表示除大写字母之外的任何字符。

（5）如果^出现在字符类中，除了开头，它只匹配一个^字符。

例如：[ABC^]将匹配 A、B、C 或^。

（6）可以在一个字符类中包含两个或多个范围，例如：

[a-zA-Z]匹配任何 a～z 和 A～Z 的字符。

[a-zA-Z0-9]匹配任何 a～z（大写和小写）的字符和任何 0～9 的数字。

表 7-2 列出了字符类 a～z 的示例。

表 7-2 字符类 a～z 的示例

字 符 类	含 义
[abc]	字符 a、b 或 c
[^xyz]	除 x、y 和 z 以外的字符
[a-z]	字符 a～z
[a-cx-z]	字符 a～c 或 x～z，将包括 a、b、c、x、y 或 z
[0-9&&[4-8]]	两个范围的交叉（4，5，6，7 或 8）
[a-z&&[^aeiou]]	所有小写字母减元音

2. 预定义字符类

常用的预定义字符类如表 7-3 所示。

表 7-3 常用的预定义字符类

预定义字符类	含 义
.	任何字符
\d	数字，与[0-9]相同
\D	非数字，与[^0-9]相同

续表

预定义字符类	含　义
\s	空格字符
\S	非空白字符，与[^\\s]相同
\w	一个字符，与[a-zA-Z_0-9]相同
\W	非字字符，与[^\w]相同

例如，以下代码使用\d 匹配所有数字，\\d 在字符串中用于转义\。

```
import java.util.regex.Matcher;
import java.util.regex.Pattern;
public class Main {
    public static void main(String args[]) {
        Pattern p = Pattern.compile("Java \\d");
        String candidate = "Java 4";
        Matcher m = p.matcher(candidate);
        if (m != null) :
        System.out.println(m.find());
    }
}
```

以上代码运行结果如下：

```
True
```

7.2.2　正则表达式的匹配

试题题面 1：如何实现一个函数用来匹配包括.和*的正则表达式？

题面解析：这道题是一道比较综合的题目，不仅考查了正则表达式的知识，还对函数的知识点有所延伸。平时在学习时针对这类综合性的题目也要认真研究，对综合性的知识多学习。

解析过程：

模式中的字符.表示任意一个字符，而*表示它前面的字符可以出现任意次（包含 0 次）。在本题中，匹配是指字符串的所有字符匹配整个模式。例如，字符串"aaa"与模式"a.a"和"ab*ac*a"匹配，但是与"aa.a"和"ab*a"均不匹配。

思路：构造一个递归函数分别遍历匹配字符串和模式串中的字符，如果全部匹配就返回 true，不匹配就返回 false。其中.可以匹配任意字符，然后把模式串的下一个字符是*，这种特殊情况可以有三种匹配模式：

（1）pttern 当前字符能匹配 str 中的 0 个字符：match(str, pattern+2)。

（2）pttern 当前字符能匹配 str 中的 1 个字符：match(str+1, pattern+2)。

（3）pttern 当前字符能匹配 str 中的多个字符：match(str+1, pattern)。

代码实现如下：

```
public class test_nighteen {
    public boolean match(char[] str, char[] pattern){
        if(str == null || pattern == null)return false;
        return matchCore(str, 0, pattern, 0);
    }
    //构造递归函数
    public boolean matchCore(char[] str, int s, char[] pattern, int p) {
        if(str.length <= s && pattern.length <= p)return true; //字符串和模式串都匹配完了
```

```
        if(str.length > s && pattern.length <= p)return false; //模式串完了，但字符串还有
        if(p+1<pattern.length && pattern[p+1] == '*'){//当模式串的下一个字符是'*'的情况
          if(str.length<=s)return matchCore(str, s, pattern, p+2);
                                        //当字符串匹配完了的情况，模式串直接跳到'*'后面
          else{
              if(str[s] == pattern[p] || pattern[p] == '.'){//当前位置匹配，移动到下一个字符
                  return matchCore(str, s, pattern, p+2)
                  || matchCore(str, s+1, pattern, p )
                  || matchCore(str, s+1, pattern, p+1);
                  }else{       //如果当前位置不匹配，只能选择模式串直接跳到'*'后面
                      return matchCore(str, s, pattern, p+2);
                  }
              }
          }
          //当模式串的下一个字符不是'*'的时候
          if(str.length <= s)return false;      //字符串完，但模式串还有的情况
          else{            //字符串和模式串两者都有
              if(str[s] == pattern[p] || pattern[p] == '.')return matchCore(str, s+1,
pattern, p+1);
          }
        return false;
      }
    }
```

试题题面 2：如何使用正则表达式匹配电话号码？

题面解析：这是一道实践应用题，首先应该熟练掌握的是正则表达式的基本字符表达，然后编写出合适、高效的匹配规则，像这类题大家平时可以自己多书写，多进行练习。

解析过程：

```
//匹配电话号码
String phone = "18637866964";
String reg = "^1[3,5,7,8,9]\\d{9}$";
System.out.println(phone.matches(reg));
```

原理：String 中的 matches()方法，用来进行正则表达式的验证，若匹配则返回 true，否则返回 false。

String 中的源码：

```
public boolean matches(String regex) {
    return Pattern.matches(regex, this);
}
```

在 String 的 matches()方法中使用了 Pattern 的静态方法，matches()方法进行正则表达式的验证。Pattern 的 matches()方法的源码：

```
public static boolean matches(String regex, CharSequence input) {
    Pattern p = Pattern.compile(regex);
    Matcher m = p.matcher(input);
    return m.matches();
}
```

从源码中可以看出正则表达式的一般使用步骤如下：

（1）正则表达式首先被编译为 Pattern（模式）对象；

（2）根据 Pattern 对象的 matcher()方法创建 Matcher（匹配器）对象，该方法以待验证的输入字符为参数；

（3）使用 Matcher 对象的 matches()方法进行正则表达式验证，并返回结果。

如果正则表达式只使用一次，也可以写成如下形式：

```
boolean b = Matcher.matches(reg,input);
```

7.2.3　正则表达式操作字符串

试题题面 1：如何实现正则表达式拆分字符串、获取字符串的子串、字符串替换和统计字符串出现的次数？

题面解析：这道题属于实践应用题，首先要知道正则表达式是如何进行书写的，然后结合字符串，实现对字符串的拆分、获取、替换等操作。

解析过程：

正则表达式除了可以进行字符串的匹配验证，还可以进行拆分字符串、获取字符串的子串、字符串替换等。下面展示正则表达式如何操作字符串。

1. 拆分字符串

```
String test_1 = "my name  is   suxing";
//根据空格拆分字符串，"+"：匹配一个或多个空格
String [] words = test_1.split(" +");
for(String s:words){
    System.out.println(s);
}
//根据空格或逗号拆分字符串，"[ ,]"：匹配一个空格或一个逗号
String test_2 = "my name is zhangsan,wlecome to beijing";
String [] words_1 = test_2.split("[ ,]");
for(String s:words_1){
    System.out.println(s);
}
```

2. 获取字符串的子串

```
//获取字符串中的 java、Java、JAVA
String test_1 = "java 是世界上最好的语言，Java 天下第一，我爱 JAVA";
String reg = "[jJ]ava|JAVA";
Pattern pattern = Pattern.compile(reg);
Matcher matcher = pattern.matcher(test_1);
while (matcher.find()){
    System.out.println(matcher.group());
}
```

使用 Matcher 对象的 find()方法查询是否存在满足正则表达式的字符串，如果有，则使用 group()方法输出。

3. 字符串替换

```
//把字符串中的 java、Java、JAVA 全部替换成 PHP
String test_1 = "java 是世界上最好的语言，Java 天下第一，我爱 JAVA";
String reg = "[jJ]ava|JAVA";
String test_2 = test_1.replaceAll(reg,"PHP");
System.out.println(test_2);
```

4. 统计字符串出现的次数

```
package com.qianfeng.kaoti01;
import java.util.regex.Matcher;
import java.util.regex.Pattern;
public class Test02 {
    public static void main(String[] args) {
```

```
        int num = 0;
        String str= "I wish you become better and better";
        String reg = "[e]";
        Pattern pattern = Pattern.compile(reg);
        Matcher matcher = pattern.matcher(str);

        while (matcher.find()){
          num++;
        }
        System.out.println("共"+num+"个 e");
    }
}
```

试题题面 2：利用正则表达式，把“我…我我…喜欢欢欢…编编程程程…”，转换成“我喜欢编程”。

题面解析：本题属于实际操作题，使用正则表达式将原字符串更改为想要的字符串，主要考查的是对正则表达式的书写。

解析过程：

```
String test_1 = "我…我我…喜欢欢欢…编编程程程…";
String test_2 = test_1.replace(".","");
String test_3 = test_2.replaceAll("(.)\\1+","$1");
System.out.println(test_3);
```

\\1 表示引用前面的一组表达式即(.)，$1 表示\\1。

7.2.4 如何使用正则表达式校验 QQ 号码

题面解析：本题主要考查正则表达式的书写，使用正则表达式编写规则，写出适合检验 QQ 号码的语句，属于实践操作题。对于这种问题要分析如何书写才能既准确又简洁。

解析过程：

检验要求：

（1）必须是 5～15 位数字；

（2）不能以 0 为开头；

（3）必须都是数字。

代码实现如下：

```
public class Demo1_Regex{
    public static void main(String[] args){
        String regex = "[1-9]\\d{4, 14}";
        System out println("12345".matches(regex));
        System out println("012345".matches(regex));
    }
}
```

7.2.5 怎样实现替换带有半角括号的多行代码

题面解析：网页中都有下面一段代码：

```
<script LANGUAGE="JavaScript1.1">
<!--
htmlAdWH('93163607', '728', '90');
```

```
//-->
</SCRIPT>
```

想把它们都去掉，使用 search & replace 的软件，都是只能对一行代码进行操作。使用 EditPlus 则完全可以解决这个问题。

解析过程：

具体解决方法是，在 EditPlus 中使用正则表达式，由于(、)作为预设表达式（或者可以称作子表达式）的标志，所以在查找以下代码时会提示查找不到：

```
<script LANGUAGE="JavaScript1.1">\n<!--\nhtmlAdWH('93163607', '728', '90'.);\n//-->
\n</SCRIPT>\n
```

当出现这种情况时不能进行替换。但如果把(和)使用半角句号.替代，则可以进行替换操作。替换内容如下：

```
<script LANGUAGE="JavaScript1.1">\n<!--\nhtmlAdWH.'93163607', '728', '90'.;\n//-->
\n</SCRIPT>\n
```

在替换对话框启用“正则表达式”选项，这时就可以完成替换了。

对(、)这样的特殊符号，应该用\(、\)来表示，这也是很标准的 regexp 语法，可以写为：

```
<script LANGUAGE="JavaScript1.1">\n<!--\nhtmlAdWH\('93163607', '728', '90'\);\n//
-->\n</SCRIPT>\n
```

7.2.6 Pattern.compile()方法的用法

题面解析：本题主要是考查 Pattern 下的 compile()方法，下面主要通过代码向大家展示 Pattern.compile()是如何使用的。

解析过程：

以下是 java.util.regex.Pattern.compile(String regex)方法的声明：

```
public static Pattern compile(String regex)
```

参数：

```
regex - 要编译的表达式
```

异常：

```
PatternSyntaxException-如果表达式的语法无效
```

以下示例显示了 java.util.regex.Pattern.compile(String regex)方法的用法。

```
import java.util.regex.MatchResult;
import java.util.regex.Matcher;
import java.util.regex.Pattern;
public class PatternDemo {
    private static final String REGEX = "(.*)(\\d+)(.*)";
    private static final String INPUT = "This is a sample Text, 1234, with numbers in between.";
    public static void main(String[] args) {
        //create a pattern
        Pattern pattern = Pattern.compile(REGEX);
        //get a matcher object
        Matcher matcher = pattern.matcher(INPUT);
        if(matcher.find()) {
            //get the MatchResult Object
            MatchResult result = matcher.toMatchResult();
            //Prints the offset after the last character matched.
            System.out.println("First Capturing Group - Match String end(): "+result.end());
        }
```

```
    }
}
```

编译并运行上面的程序，这将产生以下结果：

```
First Capturing Group - Match String end(): 53
```

7.3　名企真题解析

针对以上面试、笔试题的练习，对正则表达式有了一定的认识，正则表达式不仅可以处理一些简单的字符串操作，还有更加丰富的功能，在平时的学习中多关注这方面的内容，在面试、笔试中才能够熟练运用。

7.3.1　查找子字符串

【选自 AL 笔试题】

试题题面： 查找 asdfjvjadsffvaadfkfasaffdsasdffadsafafsafdadsfaafd 字符串中有多少个 af。

题面解析： 本题题面是一个较长的字符串，需要查找该字符串中对应的子字符串，关键的内容就是如何利用正则表达式中的方法进行操作。本题不是特别难，关键就是代码的书写。

解析过程：

代码实现如下：

```
String str = "asdfjvjadsffvaadfkfasaffdsasdffadsafafsafdadsfaafd";
Pattern p = Pattern.compile("af");
Matcher m = p.matcher(str);
int sum = 0;
while(m.find()){
    sum++;
}
System.out.println(sum);
```

7.3.2　正则表达式的反转字符

【选自 GG 面试题】

试题题面： 输入任意一个字符串，如"abDEe23dJfd343dPOddfe4CdD5ccv!23rr"，取出该字符串中所有的字母，顺序不能改变，并把大写字母变成小写字母，小写字母变成大写字母。

题面解析： 这是一道比较综合的题目，不仅需要提取全部的字母，还要对字母进行操作，将大小写字母进行反转，首先要考虑的是如何书写正则表达式，在代码比较精简的情况下完整地将结果呈现出来。

解析过程：

代码实现如下：

```
String str1 = "abDEe23dJfd343dPOddfe4CdD5ccv!23rr";
String str22 = str1.replaceAll("([^a-zA-Z]|)", "");
StringBuffer buf = new StringBuffer(str22.length());
String upper = str22.toUpperCase();
String lower = str22.toLowerCase();
for(int i = 0;i<str22.length();i++){
```

```
        if(str22.charAt(i)==upper.charAt(i)){
            buf.append(lower.charAt(i));
        }else{
            buf.append(upper.charAt(i));
        }
    }
    System.out.println(buf);
```

7.3.3　如何获取 URL 中的参数

【选自 BD 面试题】

题面解析：本题是一道实际操作题，主要考查的是对正则表达式的书写。在 URL 中一般是包括网址以及参数的，并且两者之间都是使用特殊的符号进行连接的，只要找到特殊的符号后面的参数并且提取出来即可。

解析过程：

本题可以分为两种情况来考虑：

（1）参数中没有特殊字符。代码实现如下：

```
function parse_url(_url){                              //定义函数
    var pattern = /(\w+)=(\w+)/g;                      //定义正则表达式
    var parames = {};                                  //定义对象
    url.replace(pattern, function(a, b, c){
        parames[b] = c;
    });
    return parames;                                    //返回对象
}
parames //---------{name: "elephant", age: "25", sex: "male"}
var url = "http://www.baidu.com?name=elephant&age=25&sex=male"
var params = parse_url(url);//["name=elephant", "age=25", "sex=male"]
```

（2）参数中有特殊字符。代码实现如下：

```
function parse_url(_url){                              //定义函数
    var pattern = /(\\?|\\&)\w+=([^\\&]+)/g;           //定义正则表达式
    var parames = {};                                  //定义数组
    url.replace(pattern, function(a, b, c){
        console.log(a);//-------["name=elephant", "age=2-5", "sex=male"]
        parames[a.split('=')[0]] = c;
    });
    return parames;                                    //返回这个数组
}
var url = "http://www.baidu.com?name=elephant&age=2-5&sex=male"
var params = parse_url(url);//{name: "elephant", age: "2-5", sex: "male"}
```

第 8 章 线程

本章导读

本章带领读者学习线程的基础知识，以及在面试和笔试中常见的问题。本章先告诉读者要掌握的重点知识有哪些，然后教会读者应该如何更好地回答这些问题，在本章的最后部分添加了部分企业的面试及笔试真题，以便进一步帮助读者掌握线程知识。

知识清单

本章要点（已掌握的在方框中打钩）

- □ 线程
- □ 进程
- □ 死锁与活锁
- □ 线程安全
- □ 线程阻塞

8.1 线程基础知识

操作系统中运行的程序就是一个进程，而线程是进程的组成部分，因此在学习线程时，进程的学习也是必不可少的。

8.1.1 线程和进程

1. 进程

进程（process）是计算机程序基于某个数据集合上的一次独立运行活动，是系统进行资源分配和调度的基本单位，是操作系统的基础。在早期面向进程设计的计算机结构中，进程是程序的基本执行实体；在当代面向线程设计的计算机结构中，进程是线程的容器。程序是指令、数据及其组织形式的描述，进程是程序的实体。

进程的特征有以下几点：

（1）一个进程就是一个执行的程序，而每一个进程都有自己独立的一块内存空间和一组系统资源。每一个进程的内部数据和状态都是完全独立的。

（2）创建并执行一个进程的系统开销是比较大的。

（3）进程是程序的一次执行过程，是系统运行程序的基本单位。

2. 线程

线程有时候被称为轻量级进程（light weight process，LWP），是程序执行流的最小单元。一个标准的线程由线程 ID、当前指令指针和寄存器组合（即堆栈）组成。

线程是进程中的一个实体，是被系统独立调用和分配的基本单位，线程自己不拥有系统资源，只拥有少量在运行中必不可少的资源，但它可以同属一个进程和其他线程共享进程所拥有的全部资源。

线程与进程的主要区别在于以下两个方面：

（1）同样作为基本的执行单元，线程是划分得比进程更小的执行单元。

（2）每个进程都有一段专用的内存区域。与此相反，线程则共享内存单元，通过共享内存单元实现数据交换、实时通信和必要的同步操作。

8.1.2　线程的创建

在这里介绍三种创建线程的方法。

1. 继承 Thread 类创建

通过继承 Thread 类并且重写其 run()方法，run()方法即线程执行任务。创建后的子类通过调用 start()方法即可执行线程方法。

通过继承 Thread 类实现的线程类，多个线程间无法共享线程类的实例变量（需要创建不同的 Thread 对象，自然不共享）。代码实现如下：

```
/**
 * 通过继承 Thread 类实现线程
 */
public class ThreadTest extends Thread{
    private int i = 0 ;
    @Override
        public void run() {
          for(;i<50;i++){
               System.out.println(Thread.currentThread().getName() + " is running " + i );
          }
        }
        public static void main(String[] args) {
          for(int j=0;j<50;j++){if(j=20){
               new ThreadTest().start() ;
               new ThreadTest().start() ;
          }
        }
    }
}
```

2. 通过 Runnable 接口创建线程类

该方法需要先定义一个类，实现 Runnable 接口，并重写该接口 run()方法，此 run()方法是线程执行体。接着创建 Runnable 实现类的对象，作为创建 Thread 对象的参数 target，此 Thread

对象才是真正的线程对象。通过实现 Runnable 接口的线程类，是互相共享资源的。

代码实现如下：

```
/**
 * 通过实现 Runnable 接口实现的线程类
 */
public class RunnableTest implements Runnable {
    private int i ;
    @Override
    public void run() {
        for(;i<50;i++){
            System.out.println(Thread.currentThread().getName() + " -- " + i);
        }
    }
    public static void main(String[] args) {
        for(int i=0;i<100;i++){
            System.out.println(Thread.currentThread().getName() + " -- " + i);
            if(i==20){
                RunnableTest runnableTest = new RunnableTest() ;
                new Thread(runnableTest,"线程 1").start() ;
                new Thread(runnableTest,"线程 2").start() ;
            }
        }
    }
}
```

3. 使用 Callable 和 Future 创建线程

从继承 Thread 类和实现 Runnable 接口可以看出，上述两种方法都不能有返回值，且不能声明抛出异常。而 Callable 接口则实现了此两点，Callable 接口如同 Runnable 接口的升级版，其提供的 call()方法将作为线程的执行体，同时允许有返回值。

但是 Callable 对象不能直接作为 Thread 对象的 target，因为 Callable 接口是 Java 5 新增的接口，不是 Runnable 接口的子接口。对于这个问题的解决方案，就是引入 Future 接口，此接口可以接收 call()的返回值。RunnableFuture 接口是 Future 接口和 Runnable 接口的子接口，可以作为 Thread 对象的 target，并且 Future 接口提供了一个实现类：FutureTask。

FutureTask 实现了 RunnableFuture 接口，可以作为 Thread 对象的 target。

代码实现如下：

```
import java.util.concurrent.Callable;
import java.util.concurrent.FutureTask;
public class CallableTest {
    public static void main(String[] args) {
        CallableTest callableTest = new CallableTest() ;
        //因为 Callable 接口是函数式接口，所以可以使用 Lambda 表达式
        FutureTask<Integer> task = new FutureTask<Integer>((Callable<Integer>)()->{
        int i = 0 ;
        for(;i<100;i++){
            System.out.println(Thread.currentThread().getName() + "的循环变量 i 的值 ：" + i);
        }
        return i;
    });
    for(int i=0;i<100;i++){
        System.out.println(Thread.currentThread().getName()+" 的循环变量 i ： + i");
        if(i==20){
            new Thread(task,"有返回值的线程").start();
```

```
            }
        }
        try{
            System.out.println("子线程返回值 : " + task.get());
        }catch (Exception e){
            e.printStackTrace();
        }
    }
}
```

8.1.3 线程的生命周期

线程的生命周期总结下来分为以下五种：

（1）创建状态：当一个 Thread 类或其子类的对象被声明并创建时，新生的线程对象属于创建状态。

（2）就绪状态：处于创建状态的线程执行 start()方法后，进入线程队列等待 CPU 时间片，该状态具备了运行的状态，只是没有分配到 CPU 资源。

（3）运行状态：当就绪的线程分配到 CPU 资源便进入运行状态，run()方法定义了线程的操作。

（4）阻塞状态：在某种特殊情况下，被人为挂起或执行输入输出操作时，让出 CPU 并临时终止自己的执行，进入阻塞状态。

（5）终止状态：当线程执行完自己的操作或提前被强制性地终止或出现异常导致结束，会进入终止状态。

线程生命周期的状态运行图如图 8-1 所示。

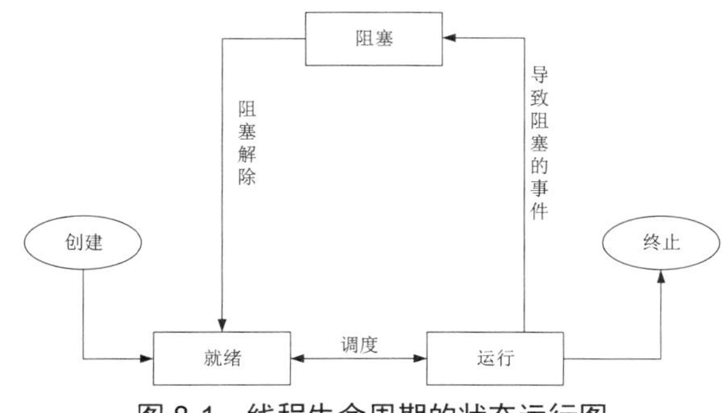

图 8-1 线程生命周期的状态运行图

8.1.4 线程同步机制

线程同步主要用于协调对临界资源的访问，临界资源可以是硬件设备（比如打印机）、磁盘（文件）、内存（变量、数组、队列等）。

线程同步有临界区、互斥量、事件和信号量四种机制。

它们的主要区别如下。

（1）适用范围：临界区在用户模式下，不会发生用户态到内核态的切换，只能用于同进程和线程间同步。其他会导致用户态到内核态的切换，利用内核对象实现，可用于不同进程间的线程同步。

（2）性能：临界区性能较好，一般只需数个 CPU 周期；其他机制性能相对较差，一般需要数十个 CPU 周期。临界区不支持等待时间，为了获取临界资源，需要不断轮询（死循环或睡眠一段时间后继续查询）；其他机制内核负责触发。在对临界资源竞争较少的情况下临界区的性能表现较好，在对临界区资源竞争激烈的情况下临界区有额外的 CPU 损耗（死循环方式下）或响应时间延迟（sleep 方式下）。

（3）应用范围：可用临界区机制实现同进程内的互斥量、事件、信号量功能；互斥量实现了互斥使用临界资源；事件实现单生产、多消费（同时只能一个消费）功能；信号量实现多生产多消费功能。

各同步机制详细的功能说明如下。

（1）临界区是一段独占对某些共享资源访问的代码，在任意时刻只允许一个线程对共享资源进行访问。如果有多个线程试图同时访问临界区，那么在有一个线程进入后，其他所有试图访问此临界区的线程将被挂起，并一直持续到进入临界区的线程离开。临界区在被释放后，其他线程可以继续抢占，并以此达到用原始方式操作共享资源的目的。

（2）互斥量功能上跟临界区类似，不过可用于不同进程间的线程同步。

（3）对于事件而言，触发重置事件对象，那么等待的所有线程中将只有一个线程能被唤醒，并同时自动地将此事件对象设置为无信号的；它能够确保一个线程独占对一个资源的访问。它和互斥量的区别在于多了一个前置条件判定。

（4）信号量用于限制对临界资源的访问数量，保证了消费数量不会大于生产数量。

8.1.5 线程的交互

线程交互是指两个线程之间通过通信联系对锁的获取与释放，从而达到较好的线程运行结果，避免引起混乱的结果。一般来说 synchronized 块的锁，会让代码进入同步状态，即一个线程运行的同时让其他线程进行等待。如果需要实现更复杂的交互，则需要学习以下几个方法。

（1）void notify()：唤醒在此对象监视器上等待的单个线程。

（2）void notify All()：唤醒在此对象监视器上等待的所有线程。

（3）void wait()：让占用了这个同步对象的线程临时释放当前的占用，并且等待。

（4）wait()：使当前线程临时暂停，释放锁，并进入等待。其功能类似于 sleep()方法，但是 wait()需要释放锁，而 sleep()不需要释放锁。

8.1.6 线程的调度

计算机通常只有一个 CPU，在任意时刻只能执行一条机器指令，每个线程只有获得 CPU 的使用权才能执行指令。所谓多线程的并发运行，其实是指从宏观上看，各个线程轮流获得 CPU 的使用权，分别执行各自的任务。在运行池中，会有多个处于就绪状态的线程在等待 CPU。Java 虚拟机的一项任务就是负责线程的调度。线程调度是指按照特定机制为多个线程分配 CPU 的使用权。

有两种调度模型：分时调度模型和抢占式调度模型。

（1）分时调度模型是指让所有的线程轮流获得 CPU 的使用权，并且平均分配每个线程占用的 CPU 的时间片。

（2）Java 虚拟机采用的是抢占式调度模型。抢占式调度模型是指先让可运行池中优先级高的线程占用 CPU，如果可运行池中的线程优先级相同，那么就随机选择一个线程，使其占用 CPU。处于运行状态的线程会一直运行，直至它不得不放弃 CPU。

一个线程会因为以下原因而放弃 CPU。

（1）Java 虚拟机让当前线程暂时放弃 CPU，转到就绪状态，使其他线程获得运行机会。

（2）当前线程因为某些原因而进入阻塞状态。

（3）线程结束运行。

☆**注意**☆　线程的调度不是跨平台的，它不仅仅取决于 Java 虚拟机，还依赖于操作系统。在某些操作系统中，只要运行中的线程没有遇到阻塞，就不会放弃 CPU；在某些操作系统中，即使线程没有遇到阻塞，也会运行一段时间后放弃 CPU，给其他线程运行的机会。

Java 的线程调度是不分时的，同时启动多个线程后，不能保证各个线程轮流获得均等的 CPU 时间片。

如果希望明确地让一个线程给另外一个线程运行的机会，可以采取以下办法之一调整各个线程的优先级。

（1）让处于运行状态的线程调用 Thread.sleep()方法。

（2）让处于运行状态的线程调用 Thread.yield()方法。

（3）让处于运行状态的线程调用另一个线程的 join()方法。

（4）线程切换：不是所有的线程切换都需要进入内核模式。

8.2　精选面试、笔试题解析

到这里线程的基础知识都已经带领大家学习完毕。接着在本节中介绍了一些在面试或笔试过程中经常遇到的问题。通过本节的学习，读者将掌握在面试或笔试过程中回答相关问题的方法。

8.2.1　线程

试题题面：什么是线程？它有哪些基本状态？各状态之间是怎样进行转换的？

题面解析：本题属于对概念类知识的考查。在解题的过程中需要先解释线程的概念，然后介绍线程具有哪些状态，最后再分析各状态之间是怎样进行转换的。

解析过程：

1. 线程

线程是进程中的一个执行控制单元，执行路径。

（1）一个进程中至少有一个线程在负责控制程序的执行；

（2）一个进程中如果只有一个执行路径，这个程序称为单线程；

（3）一个进程中有多个执行路径时，这个程序称为多线程；

（4）一个线程是进程的一个顺序执行流。

同类的多个线程共享一块内存空间和一组系统资源，线程本身有一个供程序执行时的堆栈。线程在切换时负荷小，因此，线程也被称为轻负荷进程。一个进程中可以包含多个线程。

在 Java 虚拟机内存模型中，线程开辟在栈中，有些人称之为方法的栈帧，这个栈帧空间就是一个线程空间。也就是一个进程调用了一个方法，这个方法在栈中开辟一个空间，也可以认为是线程的空间。当该方法结束后，该线程就结束，但进程还在继续执行，还会继续执行接下来的方法，继续开辟线程。

2. 线程状态

（1）创建状态：new 语句创建的线程对象处于创建状态，此时它和其他 Java 对象一样，仅被分配了内存。

（2）等待状态：当线程在创建之后，并且在调用 start()方法前，线程处于等待状态。

（3）就绪状态：当一个线程对象创建后，其他线程调用它的 start()方法，该线程就进入就绪状态。处于这个状态的线程位于 Java 虚拟机的可运行池中，等待 CPU 的使用权。

（4）运行状态：处于这个状态的线程占用 CPU，执行程序代码。在并发运行环境中，如果计算机只有一个 CPU，那么任何时刻只会有一个线程处于这个状态。只有处于就绪状态的线程才有机会转到运行状态。

（5）阻塞状态：线程因为某些原因放弃 CPU，暂时停止运行，线程处于阻塞状态。当线程处于阻塞状态时，Java 虚拟机不会给线程分配 CPU，直到线程重新进入就绪状态，它才有机会获得运行状态。

阻塞状态又分为以下三种。

- 等待阻塞：运行的线程执行 wait()方法，Java 虚拟机会把该线程放入等待池中。
- 同步阻塞：运行的线程在获取对象同步锁时，若该同步锁被别的线程占用，则 Java 会把线程放入锁池中。
- 其他阻塞：运行的线程执行 sleep()方法，或者发出 I/O 请求时，Java 会把线程设为阻塞状态。当 sleep()状态超时或者 I/O 处理完毕时，线程重新转入就绪状态。

（6）终止状态：当线程执行完 run()方法中的代码，或者遇到了未捕获的异常，就会退出 run()方法，此时就进入终止状态，该线程结束生命周期。

8.2.2 死锁与活锁、死锁与饥饿

试题题面：分别介绍死锁、活锁与饥饿的概念，然后再说明两者之间的区别。

题面解析：本题属于对概念类知识的考查，在解题的过程中需要先解释死锁、活锁与饥饿的概念，然后介绍各自的特点，最后再分析死锁与活锁、死锁与饥饿之间的区别。

解析过程：

1.死锁、活锁、饥饿的概念

死锁：两个或两个以上的进程在执行过程中，因争夺资源而造成的一种互相等待的现象，若无外力作用，它们都将无法推进下去，此时称系统处于死锁状态或系统产生了死锁。

饥饿：考虑一台打印机分配的例子，当有多个进程需要打印文件时，系统按照短文件优先

的策略排序，该策略具有平均等待时间短的优点，似乎非常合理，但当短文件打印任务源源不断时，长文件的打印任务将被无限期地推迟 导致饥饿以至饿死。

活锁：与饥饿相关的另外一个概念，在忙等待条件下发生的饥饿，称为活锁。

活锁和死锁类似，不同之处在于，活锁的线程或进程的状态是一直在不断改变的，活锁可以被认为是一种特殊的饥饿。

例如，两个人在狭小的走廊遇到，两个人都试着避让对方好让彼此通过，但是因为避让的方向都一样导致最后谁都不能通过走廊。

简单地说，活锁和死锁的主要区别是：前者进程的状态可以改变但是却不能继续执行。

2. 死锁与饥饿的不同点

（1）从进程状态考虑，死锁进程都处于等待状态，忙等待（处于运行或就绪状态）的进程并非处于等待状态，但却可能被饿死。

（2）死锁进程等待永远不会被释放的资源，饥饿进程等待会被释放但却不会分配给自己的资源，表现为等待时限没有上限（排队等待或忙等待）。

（3）死锁一定发生了循环等待，而饥饿则不然。这也表明通过资源分配图可以检测死锁是否存在，但却不能检测是否有进程饥饿。

（4）死锁一定涉及多个进程，而饥饿或被饥饿的进程可能只有一个。

（5）在饥饿的情形下，系统中有至少一个进程能正常运行，只是饥饿进程得不到执行机会。而死锁则可能会最终使整个系统陷入死锁并崩溃。

8.2.3　Java 中用到的线程调度算法是什么

题面解析：本题属于综合理解题，在解题的过程中首先要对线程的概念有一个具体的了解，然后在线程的基础上分析线程调度算法是什么。

解析过程：

Java 中用到的线程调度算法如下。

抢占式：一个线程用完 CPU 之后，操作系统会根据线程优先级、线程饥饿情况等数据算出一个总的优先级并分配下一个时间片给某个线程执行。

操作系统中可能会出现某条线程常常获取到 CPU 控制权的情况，为了让某些优先级比较低的线程也能获取到 CPU 控制权，可以使用 Thread.sleep()手动触发一次操作系统分配时间片的操作，这也是平衡 CPU 控制权的一种操作。

8.2.4　多线程同步和互斥

试题题面：什么是线程的同步、互斥？有哪几种实现方法？

题面解析：本题属于对概念类知识的考查。在解题的过程中需要先解释线程同步和互斥的概念，然后介绍各自的特点，最后再分析具体的实现方法是什么。

解析过程：

（1）线程同步是指线程之间所具有的一种制约关系，一个线程的执行依赖另外一个线程的消息，当它没有得到另一个线程的消息时应等待，直到消息到达时才被唤醒。

（2）线程互斥是指对于共享的进程系统资源，每个线程访问时的排他性。当有若干个线程都要使用某一个共享资源时，任何时刻最多只允许一个线程去使用，其他线程必须等待，直到占用资源者释放该资源。线程互斥可以被看成是一种特殊的线程同步。

（3）线程间的同步方法大体可以分为两类：用户模式和内核模式。

①用户模式：原子操作，临界区。

②内核模式：事件、信号量、互斥量。

内核模式就是利用系统内核对象的单一性来进行同步，使用时需要切换内核态与用户态，而用户模式就不需要切换到内核态，只在用户态完成操作。

8.2.5　怎样唤醒一个阻塞的线程

题面解析：本题属于对线程基本知识的综合考查，也是在面试及笔试中出现频率较高的题目之一。在解题之前应聘者需要知道造成阻塞的原因是什么，然后才能对症下药，使用具体的方法唤醒一个阻塞的线程。

解析过程：

1. 线程发生阻塞的原因

（1）如果线程是因为调用了 wait()、sleep()或者 join()方法而导致的阻塞，可以中断线程，并且通过抛出 InterruptedException 来唤醒它；

（2）如果线程遇到了 I/O 阻塞，则无能为力，因为 I/O 是由操作系统实现的，Java 代码并没有办法直接接触到操作系统。

2. 具体的唤醒方法

1）sleep()方法

sleep（毫秒）指定以毫秒为单位的时间，使线程在该时间内进入线程阻塞状态，期间得不到 CPU 的时间片，等到时间过去了，线程重新进入可执行状态（暂停线程，不会释放锁）。

2）suspend()和 resume()方法

挂起和唤醒线程，suspend()使线程进入阻塞状态，只有对应的 resume()被调用的时候，线程才会进入可执行状态（不建议用，容易发生死锁）。

3）yield()方法

yield()方法会使得线程放弃当前分得的 CPU 时间片，但此时线程仍然处于可执行状态，随时可以再次分得 CPU 时间片。yield()方法只能使同优先级的线程有执行的机会。调用 yield()的效果等价于调度程序认为该线程已执行了足够的时间从而转到另一个线程（暂停当前正在执行的线程，并执行其他线程，且让出的时间不可知）。

4）wait()和 notify()方法

两个方法搭配使用，wait()使线程进入阻塞状态，调用 notify()时，线程进入可执行状态。wait()内可加或不加参数，加参数时是以毫秒为单位，当到了指定时间或调用 notify()方法时，进入可执行状态（属于 Object 类，而不属于 Thread 类，wait()会先释放锁住的对象，然后再执行等待的动作。由于 wait()所等待的对象必须先锁住，因此，它只能用在同步化程序段或者同步化方法内，否则，会抛出异常 Illegal Monitor State Exception）。

5）join()方法

join()方法也叫线程加入，是当前线程 A 调用另一个线程 B 的 join()方法，当前线程 A 转入阻塞状态，直到线程 B 运行结束，线程 A 才由阻塞状态转为可执行状态。

☆**注意**☆　以上是 Java 线程唤醒和阻塞的五种常用方法，不同的方法有不同的特点，其中 wait()和 notify()是功能最强大、使用最灵活的方法，但这也导致了它们效率较低、较容易出错的特性，因此，在实际应用中应灵活运用各种方法，以达到期望的目的与效果。

8.2.6　启动一个线程是用 run()还是 start()

题面解析：本题也属于对线程知识的综合考查。在解题的过程中需要先解释在启动线程时，run()方法和 start()方法的具体含义是什么，它们之间的区别是哪些，最后分析用哪一个方法比较好。

解析过程：

1. 启动一个线程选择 start()方法

当用 start()开始一个线程后，线程就进入就绪状态，使线程所代表的 Java 虚拟机处于可运行状态，这意味着它可以由 Java 虚拟机调度并执行。但是这并不意味着线程就会立即运行。只有当 CPU 分配了时间片，这个线程获得时间片时，才开始执行 run()方法。

2. start()方法调用 run()方法

run()方法是必须重写的，run()方法中包含的是线程的主体（真正的逻辑）。

（1）继承 Thread 类的启动方式：

```
public class ThreadStartTest {
    public static void main(String[] args) {
        ThreadTest tt = new ThreadTest();                //创建一个线程实例
        tt.start();                                      //启动线程
    }
}
```

（2）实现 Runnable 接口的启动方式：

```
public class RunnableStartTest {
    public static void main(String[] args) {
        Thread t = new Thread(new RunnableTest());       //创建一个线程实例
        t.start();                                       //启动线程
    }
}
```

实际上这两种启动线程的方式原理是一样的。首先都是调用本地方法启动一个线程，其次是在这个线程里执行目标对象的 run()方法。那么这个目标对象是什么呢？为了弄明白这个问题，我们来看看 Thread 类的 run()方法的实现：

```
public void run() {
    if (target != null) {
        target.run();
    }
}
```

当我们采用实现 Runnable 接口的方式来实现线程时，在调用 new Thread(Runnable target)构造器时，将实现将 Runnable 接口的类的实例设置成线程要执行的主体所属的目标对象 target，当线程启动时，这个实例的 run()方法就被执行了。当我们采用继承 Thread 类的方式实现线程时，线程的这个 run()方法被重写了，所以当线程启动时，执行的是这个对象自身的 run()方法。总结起来，如果我们采用的是继承 Thread 类的方式，那么这个 target 就是线程对象自身；如果我们采用的是实现 Runnable 接口的方式，那么这个 target 就是实现了 Runnable 接口的类的实例。

8.2.7 notify()和 notifyAll()有什么区别

题面解析：本题主要考查线程中的基础知识。notify()和 notifyAll()都属于线程中的调用方法，但什么时候使用 notify()、什么时候使用 notifyAll()还需要读者分清。

解析过程：

先说两个概念：锁池和等待池。

（1）锁池：假设线程 A 已经拥有了某个对象（注意：不是类）的锁，而其他的线程想要调用这个对象的某个 synchronized()方法（或者 synchronized 块），由于这些线程在进入对象的 synchronized()方法之前必须先获得该对象的锁的拥有权，但是该对象的锁目前正被线程 A 拥有，所以这些线程就进入了该对象的锁池中。

（2）等待池：假设一个线程 A 调用了某个对象的 wait()方法，线程 A 就会释放该对象的锁后，进入该对象的等待池中。

根据锁池和等待池的概念分析 notify()和 notifyAll()的区别：

（1）如果线程调用了对象的 wait()方法，那么线程便会处于该对象的等待池中，等待池中的线程不会去竞争该对象的锁。

（2）当有线程调用了对象的 notifyAll()方法（唤醒所有 wait 线程）或 notify()方法（只随机唤醒一个 wait 线程），被唤醒的线程便会进入该对象的锁池中，锁池中的线程会去竞争该对象锁。也就是说，调用了 notify()后只有一个线程会由等待池进入锁池，而 notifyAll()会将该对象等待池内的所有线程移动到锁池中，等待锁竞争。

（3）优先级高的线程竞争到对象锁的概率大，假若某线程没有竞争到该对象锁，它还会留在锁池中，唯有线程再次调用 wait()方法，它才会重新回到等待池中。而竞争到对象锁的线程则继续往下执行，直到执行完了 synchronized 代码块，它会释放掉该对象锁，这时锁池中的线程会继续竞争该对象锁。

8.2.8 乐观锁和悲观锁

试题题面：乐观锁和悲观锁的含义是什么？如何实现？有哪些实现方法？

题面解析：本题属于对概念类知识的考查。在解题的过程中读者需要先解释乐观锁和悲观锁的概念，然后再分别介绍各自的特点，最后再分析具有哪些实现方法。

解析过程：

1. 乐观锁与悲观锁

（1）乐观锁：一段执行逻辑加上乐观锁，不同线程同时执行时，线程可以同时进入执行阶段，在最后更新数据的时候要检查这些数据是否被其他线程修改了，没有修改则进行更新，否则放弃本次操作。

（2）悲观锁：一段执行逻辑加上悲观锁，不同线程同时执行时，只能有一个线程执行，其他的线程在入口处等待，直到锁被释放。Java 中 synchronized 和 Reentrantlock 等独占锁就是悲观锁思想的实现。

2. 两种锁的实现方法

（1）悲观锁的实现：

```
//开始事务
begin;/begin work;/start transaction; (三者选一就可以)
//查询出商品信息
select status from t_goods where id=1 for update;
//根据商品信息生成订单
insert into t_orders (id,goods_id) values (null,1);
//修改商品 status 为 2
update t_goods set status=2;
//提交事务
commit;/commit work;
```

（2）乐观锁的实现：

```
//查询出商品信息
select (status,status,version) from t_goods where id=#{id}
//根据商品信息生成订单
//修改商品 status 为 2
update t_goods
set status=2,version=version+1
where id=#{id} and version=#{version};
```

3. 两种锁的使用情景

从以上两种锁的基本介绍中，我们了解到了两种锁各具有的优缺点。

（1）乐观锁适用于书写比较少的情况下，即冲突很少发生的时候，这样可以省去锁的开销，加大在整个系统的吞吐量。

（2）如果是多写的情况，会产生冲突，导致上层应用会不断地进行重试，这样反倒降低了性能，因此在多写的情况下用悲观锁就比较合适。

4. 乐观锁常见的两种实现方法

乐观锁一般会使用版本号机制或 CAS 算法实现。

1）版本号机制

一般是在数据表中加上一个数据版本号 version 字段，表示数据被修改的次数，当数据被修改时，version 值会加 1。当线程 A 要更新数据值时，在读取数据的同时也会读取 version 值，在提交更新时，若刚才读取到的 version 值与当前数据库中的 version 值相等时才更新，否则重试更新操作，直到更新成功。

2）CAS 算法

CAS 算法即 compare and swap（比较与交换），是一种有名的无锁算法。无锁编程，即在不使用锁的情况下实现多线程之间的变量同步，也就是在没有线程被阻塞的情况下实现变量的同步，所以也叫非阻塞同步（non-blocking synchronization）。

CAS 算法涉及三个操作数：需要读写的内存值 V、进行比较的值 A 和拟写入的新值 B。

当且仅当 V 的值等于 A 时，CAS 通过原子方式用新值 B 来更新 V 的值，否则不会执行任何操作（比较和替换是一个原子操作）。一般情况下是一个自旋操作，即不断地重试。

5. 乐观锁的缺点

ABA 问题是关于乐观锁的一个常见问题。

1）ABA 问题

如果一个变量 *V* 初次读取的是 *A* 值，并且在准备赋值的时候检查到它仍然是 *A* 值，那就能说明它的值没有被其他线程修改过了吗？很明显是不能的，因为在这段时间它的值可能被改为其他值，然后又改回 *A*，那 CAS 操作就会误认为它从来没有被修改过。这个问题被称为 CAS 操作的 ABA 问题。

JDK 1.5 以后的 AtomicStampedReference 类就提供了此种能力，其中的 compareAndSet()方法就是首先检查当前引用是否等于预期引用，并且当前标志是否等于预期标志，如果全部相等，则以原子方式将该引用和该标志的值设置为给定的更新值。

2）循环时间长开销大

自旋 CAS（也就是不成功就一直循环执行直到成功）如果长时间不成功，会给 CPU 带来非常大的执行开销。如果 Java 虚拟机能支持处理器提供的 pause 指令，那么效率会有一定的提升。

pause 指令有两个作用：第一，它可以延迟流水线执行指令（de-pipeline），使 CPU 不会消耗过多的执行资源，延迟的时间取决于具体实现的版本，在一些处理器上延迟时间是 0。第二，它可以避免在退出循环的时候因内存顺序冲突（memory order violation）而引起 CPU 流水线被清空（CPU pipeline flush），从而提高 CPU 的执行效率。

3）只能保证一个共享变量的原子操作

CAS 只对单个共享变量有效，当操作涉及跨多个共享变量时 CAS 无效。但是从 JDK 1.5 开始，提供了 AtomicReference 类来保证引用对象之间的原子性，可以把多个变量放在一个对象里来进行 CAS 操作。所以我们可以使用锁或者利用 AtomicReference 类把多个共享变量合并成一个共享变量来操作。

8.2.9 线程安全

试题题面：什么是线程安全？Servlet 属于线程安全吗？

题面解析：本题属于对概念类知识的考查，在解题的过程中需要先解释线程安全的含义，然后根据所学知识分析说明 Servlet 在线程安全中占据什么位置。

解析过程：

（1）Java 中的线程安全：就是线程同步的意思，也即当一个程序对一个线程安全的方法或者语句进行访问的时候，其他的不能再对它进行操作了，必须等到这次访问结束以后才能对这个线程安全的方法进行访问。

如果你的代码所在的进程中有多个线程在同时运行，而这些线程可能会同时运行这段代码，如果每次运行结果和单线程运行的结果是一样的，而且其他的变量的值也和预期的是一样的，就是线程安全的。

一个类或者程序所提供的接口对于线程来说是原子操作或者多个线程之间的切换不会导致该接口的执行结果存在二义性，也就是说我们不用考虑同步的问题。

①线程安全问题都是由全局变量及静态变量引起的。

②若每个线程中对全局变量、静态变量只有读操作，而无写操作，一般来说，这个全局变量是线程安全的；若有多个线程同时执行写操作，一般都需要考虑线程同步，否则就可能影响线程安全。

③存在竞争的线程不安全，不存在竞争的线程就是安全的。

（2）Servlet 是单实例的，假如在处理请求时，多线程访问了 Servlet 的成员变量，则 Servlet 是线程不安全的。只要保证在 service()方法中访问的都是局部变量，则 Servlet 是线程安全的。多线程下每个线程对局部变量都会有自己的副本，这样对局部变量的修改只会影响到自己的副本而不会对别的线程产生影响。

针对 Servlet 实例，详细的代码如下：

```
    public class HelloWorldServlet extends HttpServlet
    {
        String message;
        private static final long serialVersionUID = 888553024399133588L;
        public void service(HttpServletRequest request,HttpServletResponse response) throws
IOException{
            message =request.getParameter("message");
            PrintWriter pw = response.getWriter();
            try
            {
              Thread.sleep(5000);
            }
            catch (InterruptedException e)
            {
              e.printStackTrace();
            }
            pw.write("<div><strong>Hello World</strong>!</div>"+message);
            pw.close();
        }
    }
```

8.2.10　如何确保线程安全

题面解析：本题主要是对线程基础知识的延伸。前面了解了什么是线程安全的问题，本题在线程安全的基础上说明了如何确保线程安全。

解析过程：

如何保证线程安全？

按照“线程安全”的安全程度由强到弱来排序，我们可以将 Java 语言中各种操作共享的数据分为以下 5 类：不可变、绝对线程安全、相对线程安全、线程兼容和线程对立。

1. 不可变

在 Java 语言中，不可变的对象一定是线程安全的，无论是对象的方法实现者还是方法的调用者，都不需要再采取任何的线程安全保障措施。如 final 关键字修饰的数据不可修改，可靠性最高。

2. 绝对线程安全

绝对的线程安全完全满足 Brian Goetz 给出的线程安全的定义，这个定义其实是很严格的，一个类要达到“不管运行时环境如何，调用者都不需要任何额外的同步措施”通常需要付出很大的代价。

3. 相对线程安全

相对线程安全就是我们通常意义上所讲的一个类是“线程安全”的。它需要保证对这个对象单独的操作是线程安全的，我们在调用的时候不需要做额外的保障措施，但是对于一些特定顺序的连续调用，就可能需要在调用端使用额外的同步手段来保证调用的正确性。

在 Java 语言中，大部分的线程安全类都属于相对线程安全的，例如 Vector、HashTable、Collections 的 synchronizedCollection()方法保证的集合。

4. 线程兼容

线程兼容就是我们通常意义上所讲的一个类不是线程安全的。

线程兼容是指对象本身并不是线程安全的，但是可以通过在调用端正确地使用同步手段来保证对象在并发环境下可以安全地使用。Java API 中大部分的类都是属于线程兼容的。如与前面的 Vector 和 HashTable 相对应的集合类 ArrayList 和 HashMap 等。

5. 线程对立

线程对立是指无论调用端是否采取了同步错误，都无法在多线程环境中并发使用代码。由于 Java 语言天生就具有多线程特性，线程对立这种排斥多线程的代码是很少出现的。

一个线程对立的例子是 Thread 类的 supend()和 resume()方法。如果有两个线程同时持有一个线程对象，一个尝试去中断线程，另一个尝试去恢复线程，如果并发进行的话，无论调用时是否进行了同步，目标线程都有死锁风险。正因为如此，这两个方法已经被废弃。

线程安全的实现方法。

保证线程安全以是否需要同步手段分类，分为同步方案和无须同步方案。其中，同步分为互斥同步和非阻塞同步。

1. 互斥同步

互斥同步是最常见的一种并发正确性保障手段。同步是指在多线程并发访问共享数据时，保证共享数据在同一时刻只被一个线程使用（同一时刻，只有一个线程在操作共享数据）。而互斥是实现同步的一种手段，临界区、互斥量和信号量都是主要的互斥实现方式。因此，在这 4 个字里面，互斥是因，同步是果；互斥是方法，同步是目的。

2. 非阻塞同步

随着硬件指令集的发展，出现了基于冲突检测的乐观并发策略。通俗地说，就是先进行操作，如果没有其他线程争用共享数据，操作就成功了；如果共享数据有争用，产生了冲突，那就再采用其他的补偿措施（最常见的补偿措施就是不断地重试，直到成功为止）。这种乐观的并发策略的许多实现都不需要把线程挂起，因此这种同步操作称为非阻塞同步。

3. 无须同步方案

要保证线程安全，并不是一定要进行同步，两者没有因果关系。同步只是保证共享数据争用时的正确性的手段，如果一个方法本来就不涉及共享数据，那它自然就无须任何同步操作去保证正确性，因此会有一些代码天生就是线程安全的：

（1）可重入代码。

（2）线程本地存储。

8.2.11　设计线程

试题题面：设计 4 个线程，其中两个线程每次对 j 增加 1，另外两个线程对 j 每次减少 1，写出具体的程序。

题面解析：本题主要是考查应聘者的综合实际应用能力。根据所学知识应聘者应该能够使用程序解决我们在线程中遇到的问题。

解析过程：

设计 4 个线程，其中两个线程每次对 j 增加 1，另外两个线程对 j 每次减少 1，写出程序。因为这 4 个线程共享 j，所以线程类要写到内部类中。加线程：每次对 j 加 1。减线程：每次对 j 减 1。代码实现如下：

```
public class TestThreads {
    private int j = 1;
    //加线程
    private class Inc implements Runnable {
        public void run() {
            for (int i = 0; i < 10; i++) {
                inc();
            }
        }
    }
    //减线程
    private class Dec implements Runnable {
        public void run() {
            for (int i = 0; i < 10; i++) {
                dec();
            }
        }
    }
    //加 1
    private synchronized void inc() {
        j++;
        System.out.println(Thread.currentThread().getName() + "-inc:" + j);
    }
    //减 1
    private synchronized void dec() {
        j--;
        System.out.println(Thread.currentThread().getName() + "-dec:" + j);
    }
    //测试程序
    public static void main(String[] args) {
        TestThreads test = new TestThreads();
        //创建两个线程类
        Thread thread = null;
        Inc inc = test.new Inc();
        Dec dec = test.new Dec();
        //启动 4 个线程
        for (int i = 0; i < 2; i++) {
            thread = new Thread(inc);
            thread.start();
            thread = new Thread(dec);
            thread.start();
        }
    }
}
```

8.3 名企真题解析

接下来，我们收集了一些大企业往年的面试及笔试题，读者可以根据以下题目来作参考，看自己是否已经掌握了基本的知识点。

8.3.1 如何停止一个正在运行的线程

【选自 BD 面试题】

题面解析：本题也是在大型企业的面试中最常被问到的问题之一，主要考查对正在运行的线程用什么方法停止。

解析过程：

停止一个线程意味着在任务处理完之前停掉正在做的操作，也就是放弃当前的操作。停止一个线程可以使用 Thread.stop()方法，但最好不要使用它。虽然它确实可以停止一个正在运行的线程，但是这个方法是不安全的，而且是已被废弃的方法。

在 Java 中有以下几种方法可以终止正在运行的线程：

（1）可以在线程中用 for 语句来判断一下线程是否是终止状态，如果是终止状态，则后面的代码不再运行即可。具体的代码如下：

```
public class MyThread extends Thread {
    public void run(){
        super.run();
        for(int i=0; i<500000; i++){
            if(this.interrupted()) {
                System.out.println("线程已经终止，for 循环不再执行");
                break;
            }
            System.out.println("i="+(i+1));
        }
    }
}

public class Run {
    public static void main(String args[]){
        Thread thread = new MyThread();
        thread.start();
        try {
            Thread.sleep(2000);
            thread.interrupt();
        } catch (InterruptedException e) {
            e.printStackTrace();
        }
    }
}
```

程序的运行结果如下：

```
…
i=202053
i=202054
i=202055
i=202056
线程已经终止，for 循环不再执行
```

（2）对能停止的线程强制终止，使用 stop()方法终止线程。具体的代码如下：

```
public class MyThread extends Thread {
    private int i = 0;
    public void run(){
        super.run();
        try {
            while (true){
                System.out.println("i=" + i);
                i++;
                Thread.sleep(200);
            }
        } catch (InterruptedException e) {
            e.printStackTrace();
        }
    }
}
public class Run {
    public static void main(String args[]) throws InterruptedException {
        Thread thread = new MyThread();
        thread.start();
        Thread.sleep(2000);
        thread.stop();
    }
}
```

程序的运行结果如下：

```
i=0
i=1
i=2
i=3
i=4
i=5
i=6
i=8
i=8
i=9
Process finished with exit code 0
```

（3）使用 return 语句终止线程，将方法 interrupt()与 return 结合使用也能实现终止线程的效果。具体的代码如下：

```
public class MyThread extends Thread {
    public void run(){
        while (true){
            if(this.isInterrupted()){
                System.out.println("线程被终止了！");
                return;
            }
            System.out.println("Time: " + System.currentTimeMillis());
        }
    }
}
public class Run {
    public static void main(String args[]) throws InterruptedException {
        Thread thread = new MyThread();
        thread.start();
        Thread.sleep(2000);
        thread.interrupt();
    }
}
```

程序的运行结果如下：

```
...
Time: 1468082288503
Time: 1468082288503
Time: 1468082288503
线程被停止了!
```

8.3.2 导致线程阻塞的原因有哪些

【选自 GG 面试题】

题面解析： 本题也是在大型企业的面试中最常被问到的问题之一。首先对线程阻塞的概念进行说明，然后分析有哪几种情况会导致线程阻塞。

解析过程：

1. 线程阻塞

在某一时刻，某一个线程在运行一段代码时，另一个线程也需要运行，但是在运行过程中的该线程执行完成之前，另一个线程是无法获取到 CPU 执行权的（调用 sleep()方法是进入到睡眠暂停状态，但是 CPU 执行权并没有交出去，而调用 wait()方法则是将 CPU 执行权交给另一个线程），这个时候就会造成线程阻塞。

2. 出现线程阻塞的原因

（1）睡眠状态：当一个线程执行代码的时候调用了 sleep()方法后，线程处于睡眠状态，需要设置一个睡眠时间，此时有其他线程需要执行时就会造成线程阻塞，而且 sleep()方法被调用之后，线程不会释放锁对象。也就是说，锁还在该线程手里，CPU 执行权也还在该线程手里，等睡眠时间一过，该线程就会进入就绪状态。

（2）等待状态：当一个线程正在运行时，调用了 wait()方法，此时该线程需要交出 CPU 执行权，也就是将锁释放出去，交给另一个线程，该线程进入等待状态，但与睡眠状态不一样的是，进入等待状态的线程不需要设置睡眠时间，但是需要执行 notify()方法或者 notifyAll()方法来对其唤醒，自己是不会主动醒来的，等被唤醒之后，该线程也会进入就绪状态，但是进入该状态的该线程手里是没有执行权的，也就是没有锁，而睡眠状态的线程一旦苏醒，进入就绪状态时自己还拿着锁。

（3）礼让状态：当一个线程正在运行时，调用了 yield()方法之后，该线程会将执行权礼让给同等级的线程或者比它高一级的线程优先执行，此时该线程有可能只执行了一部分而此时把执行权礼让给了其他线程，这个时候也会进入阻塞状态，但是该线程会随时可能又被分配到执行权。

（4）自闭状态：当一个线程正在运行时，调用了一个 join()方法，此时该线程会进入阻塞状态，另一个线程会运行，直到运行结束后，原线程才会进入就绪状态。

（5）suspend()和 resume()：这两个方法是配套使用的，suspend()是让线程进入阻塞状态，它的“解药”就是 resume()，没有 resume()，suspend()自己是不会恢复的，由于这种比较容易出现死锁现象，所以 JDK 1.5 之后就已经被废除了，这两种方法就是相爱相杀的一对。

8.3.3　写一个生产者-消费者队列

【选自 BD 面试题】

题面解析：本题是在大型企业的面试中经常遇到的问题之一，应聘者需要重视此类题目。本题不仅考查线程的知识，而且还涉及队列，通过两者之间进行结合实现一个创建对象的方法。

解析过程：

生产者-消费者模型的作用：

（1）通过平衡生产者的生产能力和消费者的消费能力来提升整个系统的运行效率，这是生产者-消费者模型最重要的作用。

（2）解耦，这是生产者-消费者模型附带的作用。解耦意味着生产者和消费者之间的联系少，联系越少越可以独自发展。

使用阻塞队列来实现的具体代码如下：

```
package yunche.test.producer;
import java.util.Random;
import java.util.concurrent.BlockingQueue;
/**
 * @ClassName: Producer
 * @Description: 生产者
 */
public class Producer implements Runnable
{
    private final BlockingQueue<Integer> queue;
    public Producer(BlockingQueue q)
    {
        this.queue = q;
    }
    @Override
    public void run()
    {
        try
        {
            while(true)
            {
                //模拟耗时 1s
                Thread.sleep(1000);
                queue.put(produce());
            }
        }
        catch (InterruptedException e)
        {
            e.printStackTrace();
        }
    }
    private int produce()
    {
        int n = new Random().nextInt(10000);
        System.out.println("Thread: " + Thread.currentThread().getName() + " produce:
" + n);
        return n;
    }
}
package yunche.test.producer;
import java.util.concurrent.BlockingQueue;
```

```
public class Consumer implements Runnable
{
    private final BlockingQueue<Integer> queue;
    public Consumer(BlockingQueue q)
    {
        this.queue = q;
    }
    @Override
    public void run()
    {
        while (true)
        {
            try
            {
                //模拟耗时
                Thread.sleep(2000);
                consume(queue.take());
            }
            catch (InterruptedException e)
            {
                e.printStackTrace();
            }
        }
    }
    private void consume(Integer n)
    {
        System.out.println("Thread:" + Thread.currentThread().getName() + " consume: "
+ n);
    }
}
package yunche.test.producer;
import java.util.concurrent.ArrayBlockingQueue;
import java.util.concurrent.BlockingQueue;
public class Main
{
    public static void main(String[] args)
    {
        BlockingQueue<Integer> queue = new ArrayBlockingQueue<>(100);
        Producer p = new Producer(queue);
        Consumer c1 = new Consumer(queue);
        Consumer c2 = new Consumer(queue);
        Thread producer = new Thread(p);
        producer.setName("生产者线程");
        Thread consumer1 = new Thread(c1);
        consumer1.setName("消费者 1");
        Thread consumer2 = new Thread(c2);
        consumer2.setName("消费者 2");
        producer.start();
        consumer1.start();
        consumer2.start();
    }
}
```

8.3.4 在 Java 中 wait()和 sleep()方法有什么不同

【选自 BD 面试题】

题面解析：本题属于概念分析题。应聘者在回答该问题时需要分别知道什么是 wait()方法和 sleep()方法，以及两者之间的关联。

解析过程：

通过以下几个方面来解释两者之间有什么样的区别：

（1）sleep()是线程类（Thread）的方法，导致此线程暂停执行指定时间，把执行机会给其他线程，但是监控状态依然保持，到时会自动恢复，调用 sleep()不会释放对象锁。由于没有释放对象锁，所以不能调用里面的同步方法。

sleep()使当前线程进入停滞状态（阻塞当前线程），让出 CUP 的使用，目的是不让当前线程独自霸占该进程所获的 CPU 资源，以留一定时间给其他线程执行的机会。

sleep()是 Thread 类的 Static（静态）的方法；因此它不能改变对象的机锁，所以当在一个 Synchronized 块中调用 sleep()方法时，线程虽然休眠了，但是对象的机锁并没有被释放，其他线程无法访问这个对象（即使睡着也持有对象锁）。

在 sleep()休眠时间期满后，该线程不一定会立即执行，这是因为其他线程可能正在运行而且没有被调度为放弃执行，除非此线程具有更高的优先级。

wait()方法是 Object 类里的方法；当一个线程执行到 wait()方法时，它就进入到一个和该对象相关的等待池中，同时失去（释放）了对象的机锁（暂时失去机锁，wait(long timeout)超时时间到后还需要返还对象锁）；可以调用里面的同步方法，其他线程可以访问。

wait()使用 notify()、notifyAll()或者指定睡眠时间来唤醒当前等待池中的线程。

（2）sleep()必须捕获异常，而 wait()、notify()和 notifyAll()不需要捕获异常。

sleep()方法属于 Thread 类中的方法，表示让一个线程进入睡眠状态，等待一定的时间之后，自动醒来进入到可运行状态，不会马上进入运行状态，因为线程调度机制恢复线程的运行也需要时间，一个线程对象调用了 sleep()方法之后，并不会释放它所持有的所有对象锁，所以也就不会影响其他进程对象的运行。但在 sleep()的过程中有可能被其他对象调用它的 interrupt()，产生 InterruptedException 异常，如果程序不捕获这个异常，线程就会异常终止，进入 TERMINATED 状态；如果程序捕获了这个异常，那么程序就会继续执行 catch 语句块（可能还有 finally 语句块）以及以后的代码。

☆**注意**☆ sleep()方法是一个静态方法，也就是说它只对当前对象有效，通过 t.sleep()让 t 对象进入睡眠，这样的做法是错误的，它只会使当前线程被睡眠而不是 t 线程。

wait()属于Object的成员方法，一旦一个对象调用了wait()方法，必须要采用notify()和notifyAll()方法唤醒该进程；如果线程拥有某个或某些对象的同步锁，那么在调用了 wait()后，这个线程就会释放它持有的所有同步资源，而不限于这个被调用了 wait()方法的对象。wait()方法也同样会在等待的过程中有可能被其他对象调用 interrupt()方法而产生中断。

（3）sleep()是让某个线程暂停运行一段时间，其控制范围由当前线程决定，也就是说，在线程里面决定。例如，我要做的事情是“点火—烧水—煮面”，而当我点完火之后我不立即烧水，我要休息一段时间再烧，对于运行的主动权是由我的流程来控制。

而对于 wait()，首先，这是由某个确定的对象来调用的，将这个对象理解成一个传话的人，当这个人在某个线程里面说“暂停”，也是 thisOBJ.wait()，这里的暂停是阻塞，还是“点火—烧水—煮饭”，thisOBJ 就好比一个监督我的人站在我旁边，本来该线程应该执行 1 后执行 2，再执行 3，而在 2 处被那个对象喊暂停，那么我就会一直等在这里而不执行 3，但整个流程并没有结束，我一直想去煮饭，但还没被允许，直到那个对象在某个地方说“通知暂停的线程启动”，也就是 thisOBJ.notify()的时候，那么我就可以煮饭了，这个被暂停的线程就会从暂停处继续执行。

①在 java.lang.Thread 类中，提供了 sleep()；而 java.lang.Object 类中提供了 wait()、notify()和 notifyAll()方法来操作线程。

②sleep()可以让一个线程睡眠，参数可以指定一个时间；而 wait()可以将一个线程挂起，直到超时或者该线程被唤醒。

③wait 有两种形式 wait()和 wait(milliseconds)。

（4）sleep()和 wait()的区别总结如下：

①这两个方法来自不同的类，分别是 Thread 和 Object。

②sleep()方法没有释放锁，而 wait()方法释放了锁，使得其他线程可以使用同步控制块或者方法。

③wait()、notify()和 notifyAll()只能在同步控制方法或者同步控制块里面使用，而 sleep()可以在任何地方使用。

④sleep()必须捕获异常，而 wait()、notify()和 notifyAll()不需要捕获异常。

第 9 章 Servlet

本章导读

本章开始主要带领读者学习 Java 中 Servlet 的基础知识，以及在面试和笔试中常见的问题。本章先告诉读者要掌握的基础知识有哪些，比如 Servlet 简介、Servlet 的生命周期、Get()和 Post()方法、Servlet HTTP 状态码、Servlet 过滤器、Cookie 和 Session 等，然后会展示一部分面试、笔试题，并给出解答，教会读者应该如何更好地回答这些问题，最后总结一些在企业的面试及笔试中较深入的真题，以便读者能够轻松应聘。

知识清单

本章要点（已掌握的在方框中打钩）

- [ ] Servlet 简介
- [ ] Servlet 的生命周期
- [ ] Get()和 Post()方法
- [ ] Servlet HTTP 状态码
- [ ] Servlet 过滤器
- [ ] Cookie 和 Session

9.1 Servlet 基础

本节主要讲解 Servlet 的基础知识，主要包括 Servlet 简介、Servlet 的生命周期、Get()和 Post()方法、状态码、过滤器、Cookie 和 Session 知识点等。读者首先应该要掌握这些基本知识点，并且能够逻辑清晰地表达出来，以便在应聘中能够轻松应对。

9.1.1 Servlet 简介

Servlet 是在服务器上运行的小程序。这个词是在 Java Applet 的环境中创造的，Java Applet 是一种当作单独文件跟网页一起发送的小程序，它通常用于在客户端运行，为用户提供运算或者根据用户相互作用定位图形等服务。

服务器上需要一些程序，常常是根据用户输入访问数据库的程序。这些通常是使用公共网关接口（common gateway interface，CGI）应用程序完成的。然而，在服务器上运行 Java 程序，这种程序可使用 Java 编程语言实现。在通信量大的服务器上，Java Servlet 的优点在于它们的执行速度更快于 CGI 程序。各个用户请求被激活成单个程序中的一个线程，而无须创建单独的进程，这意味着服务器端处理请求的系统开销将明显降低。

最早支持 Servlet 技术的是 Java Soft 的 Java Web Server。此后，一些其他的基于 Java 的 Web Server 开始支持标准的 Servlet API。Servlet 的主要功能在于交互式地浏览和修改数据，生成动态 Web 内容。这个过程为：

（1）客户端发送请求至服务器端；

（2）服务器将请求信息发送至 Servlet；

（3）Servlet 生成响应内容并将其传给服务器。响应内容的动态生成，通常取决于客户端的请求；

（4）服务器将响应返回给客户端。

Servlet 看起来像是通常的 Java 程序。Servlet 导入特定的属于 Java Servlet API 的包。因为是对象字节码，可动态地从网络加载，可以说 Servlet 对 Server 就如同 Applet 对 Client 一样，但是，由于 Servlet 运行于 Server 中，它们并不需要一个图形用户界面。从这个角度讲，Servlet 也被称为 FacelessObject。

一个 Servlet 就是 Java 编程语言中的一个类，它被用来扩展服务器的性能，服务器上存放着可以通过“请求-响应”编程模型来访问的应用程序。虽然 Servlet 可以对任何类型的请求产生响应，但通常只用来扩展 Web 服务器的应用程序。

9.1.2 Servlet 的生命周期

1. Servlet 的实现过程

（1）客户端请求该 Servlet；

（2）加载 Servlet 类到内存；

（3）实例化并调用 init()方法初始化该 Servlet；

（4）调用 service()（根据请求方法不同调用 doGet()或者 doPost()，此外还有 doHead()、doPut()、doTrace()、doDelete()、doOptions()、destroy()）；

（5）加载和实例化 Servlet。这项操作一般是动态执行的。然而，Server 通常会提供一个管理的选项，用于在 Server 启动时强制装载和初始化特定的 Servlet。

2. 使用 Server 创建一个 Servlet 的实例

（1）第一个客户端的请求到达 Server。

（2）Server 调用 Servlet 的 init()方法（可配置为 Server 创建 Servlet 实例时调用，在 web.xml 中<servlet>标签下配置<load-on-startup>标签，配置的值为整型，值越小 Servlet 的启动优先级越高）。

（3）一个客户端的请求到达 Server。

（4）Server 创建一个请求对象，处理客户端请求。

（5）Server 创建一个响应对象，响应客户端请求。

（6）Server 激活 Servlet 的 service()方法，传递请求和响应对象作为参数。

（7）service()方法获得关于请求对象的信息，处理请求，访问其他资源，获得需要的信息。

（8）service()方法使用响应对象的方法，将响应传回 Server，最终到达客户端。service()方法可能激活其他方法以处理请求，如 doGet()、doPost()或程序员自己开发的新的方法。

（9）对于更多的客户端请求，Server 创建新的请求和响应对象，仍然激活此 Servlet 的 service()方法，将这两个对象作为参数传递给它。如此重复以上的循环，但无须再次调用 init()方法。一般 Servlet 只初始化一次（只有一个对象），当 Server 不再需要 Servlet 时（一般当 Server 关闭时），Server 调用 Servlet 的 destroy()方法。

图 9-1 显示了一个典型的 Servlet 生命周期方案。

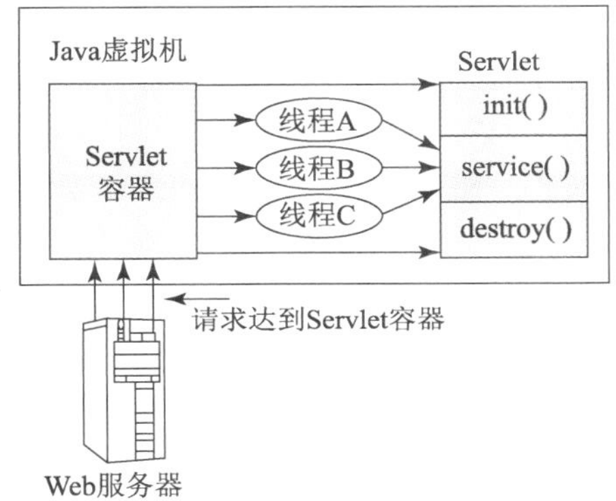

图 9-1 一个典型的 Servlet 生命周期方案

（1）第一个到达服务器的 HTTP 请求被委派到 Servlet 容器。

（2）Servlet 容器在调用 service()方法之前加载 Servlet。

（3）Servlet 容器处理由多个线程产生的多个请求，每个线程执行一个单一的 Servlet 实例的 service()方法。

9.1.3 Get()和 Post()方法

（1）Get()方法会将提交的数据放在 URL 中，即以明文的方式传递参数数据（以？分隔 URL 地址和传输数据，参数间以&相连。比如：http://localhost:9090/…/Login.aspx?name=user&pwd=123456）；Post()方法会将提交的数据放在请求体中。

（2）Get()方法传递的数据量较小，最大不超过 2KB（因为受 URL 长度限制）；Post()方法传递的数据量较大，一般不受限制（大小取决于服务器的处理能力）。

（3）Get()方法会产生一个 TCP 数据包，浏览器会把响应头和数据一并发送出去，服务器响应 200（OK），并回传相应的数据。

Post()方法会产生两个 TCP 数据包，浏览器会先将响应头发送出去，服务器响应 100（Continue）后，浏览器再发送数据，服务器响应 200（OK），并回传相应的数据。

HTTP 是基于 TCP/IP 的万维网通信协议，所以 Get()和 Post()的底层也是 TCP/IP 超链接。

TCP 就像汽车，我们用 TCP 来运输数据，它很可靠，从来不会发生丢件、少件的现象。但是如果路上跑的全是看起来一模一样的汽车，那这个世界看起来是一团混乱，送急件的汽车可能被前面满载货物的汽车拦堵在路上，整个交通系统一定会瘫痪。

为了避免这种情况发生，交通规则 HTTP 诞生了。HTTP 给汽车运输设定了好几个服务类别，有 GET、POST、PUT、DELETE 等。

HTTP 规定：当执行 GET 请求的时候，要给汽车贴上 GET 的标签（设置 method 为 Get()），而且要求把传送的数据放在车顶上（URL 中）以方便记录；如果是 POST 请求，则要在车上贴上 POST 的标签，并把货物放在车厢里。

HTTP 只是个行为准则，而 TCP 才是 Get()和 Post()方法实现的根本。

此外，还有另一个重要的角色：运输公司。不同的浏览器（发起 HTTP 请求）和服务器（接受 HTTP 请求）就是不同的运输公司。虽然理论上可以在车顶上无限地堆货物（即在 URL 中无限加参数），但是运输公司可不傻，装货和卸货也是有很大成本的，它们会限制单次运输量来控制风险，数据量太大对浏览器和服务器都是很大的负担。

业界不成文的规定是：（大多数）浏览器通常都会限制 URL 长度在 2KB，而（大多数）服务器最多处理 64KB 大小的 URL。超过的部分，恕不处理。如果用 Get()，在请求体偷偷藏了数据，不同服务器的处理方式也是不同的，有些服务器会帮你卸货，读出数据，有些服务器则直接忽略。所以，虽然 Get()可以带请求体，也并不能保证一定能被接收到。

GET 只需要汽车跑一趟就把货送到了，而 POST 得跑两趟：第一趟，先去和服务器打个招呼“嗨，我等下要送一批货来，你们打开门迎接我”，然后再回头把货送过去。

优缺点对比：Get()方法安全性低，效率高；Post()方法安全性高，效率低（耗时稍长）。

9.1.4 Servlet HTTP 状态码

HTTP 请求和 HTTP 响应消息的格式是类似的，结构如下：

（1）初始状态行+回车换行符（回车+换行）；

（2）零个或多个标题行+回车换行符；

（3）一个空白行，即回车换行符；

（4）一个可选的消息主体，比如文件、查询数据或查询输出。

例如，服务器的响应头代码如下：

```
HTTP/1.1 200 OK
Content-Type: text/html
Header2: …
…
HeaderN: …
  (Blank Line)
<!doctype …>
<html>
<head>…</head>
<body>
…
</body>
</html>
```

状态行包括 HTTP 版本（在本例中为 HTTP/1.1）、一个状态码（在本例中为 200）和一个对应于状态码的短消息（在本例中为 OK）。

表 9-1 是可能从 Web 服务器返回的 HTTP 状态码和相关的信息列表。

表 9-1 HTTP 状态码和相关信息列表

代 码	消 息	描 述
100	Continue	只有请求的一部分已经被服务器接收，但只要它没有被拒绝，客户端应继续该请求
101	Switching Protocols	服务器切换协议
200	OK	请求成功
201	Created	该请求是完整的，并创建一个新的资源
202	Accepted	该请求被接受处理，但是该处理是不完整的
203	Non-authoritative Information	–
204	No Content	–
205	Reset Content	–
206	Partial Content	–
300	Multiple Choices	链接列表。用户可以选择一个链接，进入到该位置。最多五个地址
301	Moved Permanently	所请求的页面已经转移到一个新的 URL
302	Found	所请求的页面已经临时转移到一个新的 URL
303	See Other	所请求的页面可以在另一个不同的 URL 下被找到
304	Not Modified	–
305	Use Proxy	–
306	Unused	在以前的版本中使用该代码。现在已不再使用它，但代码仍被保留
307	Temporary Redirect	所请求的页面已经临时转移到一个新的 URL
400	Bad Request	服务器不理解请求
401	Unauthorized	所请求的页面需要用户名和密码
402	Payment Required	您还不能使用该代码
403	Forbidden	禁止访问所请求的页面
404	Not Found	服务器无法找到所请求的页面
405	Method Not Allowed	在请求中指定的方法是不允许的
406	Not Acceptable	服务器只生成一个不被客户端接受的响应
407	Proxy Authentication Required	在请求送达之前，您必须使用代理服务器的验证
409	Request Timeout	请求需要的时间比服务器能够等待的时间长，超时
409	Conflict	请求因为冲突无法完成
410	Gone	所请求的页面不再可用
411	Length Required	"Content-Length" 未定义。服务器无法处理客户端发送的不带 Content-Length 的请求信息
412	Precondition Failed	请求中给出的先决条件被服务器评估为 false

续表

代　码	消　息	描　述
413	Request Entity Too Large	服务器不接受该请求，因为请求实体过大
414	Request-url Too Long	服务器不接受该请求，因为 URL 太长。当您转换一个 POST 请求为一个带有长的查询信息的 GET 请求时发生
415	Unsupported Media Type	服务器不接受该请求，因为媒体类型不被支持
417	Expectation Failed	–
500	Internal Server Error	未完成的请求。服务器遇到了一个意外的情况
501	Not Implemented	未完成的请求。服务器不支持所需的功能
502	Bad Gateway	未完成的请求。服务器从上游服务器收到无效响应
503	Service Unavailable	未完成的请求。服务器暂时超载或死机
504	Gateway Timeout	网关超时
505	HTTP Version Not Supported	服务器不支持"HTTP 协议"版本

设置 HTTP 状态代码的方法和描述如表 9-2 所示。

表 9-2　设置 HTTP 状态代码的方法和描述

序　号	方法和描述
1	public void setStatus (int statusCode) 该方法设置一个任意的状态码。setStatus()方法接受一个 int（状态码）作为参数。如果响应包含了一个特殊的状态码和文档，请确保在使用 PrintWriter 实际返回任何内容之前调用 setStatus()
2	public void sendRedirect(String url) 该方法生成一个 302 响应，连同一个带有新文档 URL 的 Location 头
3	public void sendError(int code, String message) 该方法发送一个状态码（通常为 404），连同一个在 HTML 文档内部自动格式化并发送到客户端的短消息

表 9-2 中的方法可用于在 Servlet 程序中设置 HTTP 状态码。这些方法通过 HttpServletResponse 对象可用。

HTTP 状态码实例如下。例如，把 407 错误代码发送到客户端浏览器，浏览器会显示"Need authentication!!!"提示。

```
//导入必需的 Java 库
import java.io.*;
import javax.Servlet.*;
import javax.Servlet.http.*;
import java.util.*;
import javax.Servlet.annotation.WebServlet;
@WebServlet("/showError")
//扩展 HttpServlet 类
public class showError extends HttpServlet {
   //处理 Get()方法请求的方法
   public void doGet(HttpServletRequest request,
                HttpServletResponse response)
          throws ServletException, IOException
   {
```

```
            //设置错误代码和原因
            response.sendError(407, "Need authentication!!!" );
        }
        //处理 Post()方法请求的方法
        public void doPost(HttpServletRequest request,
                         HttpServletResponse response)
        throws ServletException, IOException {
            doGet(request, response);
        }
    }
```

现在，调用上面的 Servlet 将显示以下结果：

```
    HTTP Status 407 - Need authentication!!!
    type Status report
    message Need authentication!!!
    description The client must first authenticate itself with the proxy (Need
authentication!!!).
```

9.1.5 Servlet 过滤器

1. 过滤器的基本概念

Servlet 过滤器从字面可理解为经过一层层的过滤处理才达到使用的要求，而其实 Servlet 过滤器就是服务器与客户端请求与响应的中间层组件。在实际项目开发中 Servlet 过滤器主要用于对浏览器的请求进行过滤处理，将过滤后的请求再转给下一个资源。

Filter 是在 Servlet 2.3 之后增加的新功能，当需要限制用户访问某些资源或者在处理请求时提前处理某些资源的时候，就可以使用过滤器完成。

过滤器是以一种组件的形式绑定到 Web 应用程序当中的，与其他的 Web 应用程序组件不同的是，过滤器是采用了“链”的方式进行处理的，如图 9-2 所示。

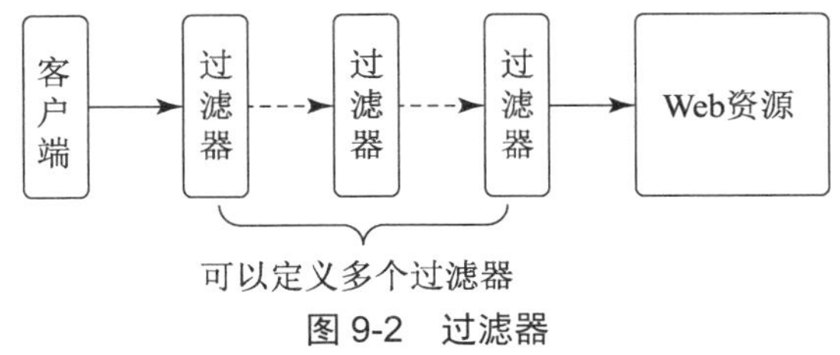

图 9-2　过滤器

2. Filter

Servlet 的过滤器 Filter 是一个小型的 Web 组件，它们通过拦截请求和响应，以便查看、提取或以某种方式操作客户端和服务器之间交换的数据，实现“过滤”的功能。Filter 通常封装了一些功能的 Web 组件；过滤器提供了一种面向对象的模块化机制，将任务封装到一个可插入的组件中。Filter 组件通过配置文件来声明，并动态地代理。

1）Servlet 的 Filter 的特点

（1）声明式的：通过在 web.xml 配置文件中声明，允许添加、删除过滤器，而无须改动任何应用程序代码或 JSP 页面。

（2）灵活的：过滤器可用于客户端的直接调用执行预处理和后期的处理工作，通过过滤链可以实现一些灵活的功能。

（3）可移植的：由于现今各个 Web 容器都是以 Servlet 的规范进行设计的，因此 Servlet 过滤器同样是跨容器的。

（4）可重用的：基于其可移植性和声明式的配置方式，Filter 是可重用的。

总的来说，Servlet 的过滤器是通过一个配置文件来灵活的声明的模块化可重用组件。过滤器动态的截获传入的请求和传出的响应，在不修改程序代码的情况下，透明的添加或删除他们。其独立于任何平台和 Web 容器。

2）Filter 的体系结构

如其名字所暗示的一样，Servlet 过滤器用于拦截传入的请求和传出的响应，并监视、修改处理 Web 工程中的数据流。过滤器是一个可插入的自由组件。Web 资源可以不配置过滤器、也可以配置单个过滤器，也可以配置多个过滤器，形成一个过滤器链。Filter 接受用户的请求，并决定将请求转发给链中的下一个组件，或者终止请求直接向客户端返回一个响应。如果请求被转发了，它将被传递给链中的下一个过滤器（以 web.xml 过滤器的配置顺序为标准）。这个请求在通过过滤链并被服务器处理之后，一个响应将以相反的顺序通过该链发送回去。这样，请求和响应都得到了处理。

Filter 可以应用在客户端和 Servlet 之间、Servlet 和 Servlet 或 JSP 之间，并且可以通过配置信息，灵活的使用那个过滤器。

3）Filter 的工作原理

基于 Filter 体系结构的描述，Filter 的工作原理如图 9-3 所示。

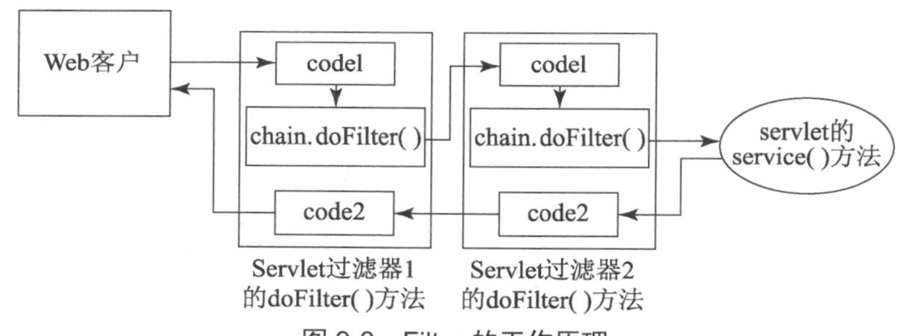

图 9-3　Filter 的工作原理

客户端浏览器在访问 Web 服务器的某个具体资源的时候，经过过滤器 1 中 code1 代码块的相关处理之后，将请求传递给过滤链中的下一个过滤器 2（过滤链的顺序以配置文件中的顺序为基准），过滤器 2 处理完之后，请求就是根据传递的 Servlet 完成相应的逻辑。返回响应的过程类似，只是过滤链的顺序相反。

4）Filter 的创建过程

要编写一个过滤器必须实现 Filter 接口，实现其接口规定的方法。

（1）实现 javax.Servlet.Filter 接口；

（2）实现 init()方法，读取过滤器的初始化参数；

（3）实现 doFilter()方法，完成对请求或响应的过滤；

（4）调用 FilterChain 接口对象的 doFilter()方法，向后续的过滤器传递请求或响应。

9.1.6 Cookie 和 Session

1. Cookie 的定义

Cookie 是小量信息，由网络服务器发送出来以存储在网络浏览器上，从而当下次这位独一无二的访客又回到该网络服务器时，可从该浏览器读回此信息。这是很有用的，可以让浏览器记住这位访客的特定信息，如上次访问的位置、花费的时间或用户首选项（如样式表）。Cookie 是存储在浏览器目录的文本文件，当浏览器运行时，存储在 RAM 中。一旦从该网站或网络服务器退出，Cookie 也可存储在计算机的硬驱上。当访客结束其浏览器对话时，即终止所有 Cookie。

2. 使用 Cookie 的原因

Web 程序是使用 HTTP 进行传输的，而 HTTP 是无状态的协议，对于事务处理没有记忆能力。缺少状态意味着如果后续处理需要前面的信息，则它必须重传，这样可能导致每次连接传送的数据量增大。另外，在服务器不需要先前信息时它的应答就较快。

3. Cookie 的产生

Cookie 的使用先要看需求。因为浏览器可以禁用 Cookie，同时服务端也可以不使用 Set-Cookie。

客户端向服务器端发送一个请求时，服务端向客户端发送一个 Cookie，然后浏览器将 Cookie 保存。Cookie 有两种保存方式：一种是浏览器会将 Cookie 保存在内存中；还有一种是保存在客户端的硬盘中，之后每次 HTTP 请求浏览器都会将 Cookie 发送给服务器端。

具体流程如下：

（1）客户端提交一个 HTTP 请求给服务端。

服务端这个时候做了两件事：一是 Set-Cookie；二是提交响应内容给客户端，客户端再次向服务器请求时会在请求头中携带一个 Cookie。

（2）服务端提交响应内容给客户端。

例如，可以分为登录前和登录后。登录前服务端给浏览器一个 Cookie，但是这个 Cookie 里面没有用户信息，但是登录成功之后，服务端给浏览器一个 Cookie，这个时候的 Cookie 已经记录了用户的信息，在系统内任意访问，可以实现免登录。

4. Cookie 的生存周期

Cookie 在生成时就会被指定一个 Expire 值，这就是 Cookie 的生存周期，在这个周期内 Cookie 有效，超出这个周期 Cookie 就会被清除。有些页面将 Cookie 的生存周期设置为“0”或负值，这样在关闭浏览器时，就马上清除 Cookie，不会记录用户信息，更加安全。

5. Cookie 的缺陷

（1）数量受到限制。一个浏览器能创建的 Cookie 数量最多为 300 个，并且每个不能超过 4KB，每个 Web 站点能设置的 Cookie 总数不能超过 20 个。

（2）安全性无法得到保障。通常跨站点脚本攻击往往利用网站漏洞在网站页面中植入脚本代码或网站页面引用第三方法脚本代码，均存在跨站点脚本攻击的可能，在受到跨站点脚本攻击时，脚本指令将会读取当前站点的所有 Cookie 内容（已不存在 Cookie 作用域限制），然后通过某种方式将 Cookie 内容提交到指定的服务器（如 Ajax）。一旦 Cookie 落入攻击者手中，它将会重现其价值。

（3）浏览器可以禁用 Cookie，禁用 Cookie 后，也就无法享有 Cookie 带来的方便。

6. Session 的定义及产生

在计算机中，尤其是在网络应用中，Session 称为“会话控制”。Session 对象存储特定用户会话所需的属性及配置信息。这样，当用户在应用程序的 Web 页之间跳转时，存储在 Session 对象中的变量将不会丢失，而是在整个用户会话中一直存在下去。当用户请求来自应用程序的 Web 页时，如果该用户还没有会话，则 Web 服务器将自动创建一个 Session 对象。当会话过期或被放弃后，服务器将终止该会话。

7. 使用 Session 的原因

因为很多第三方可以获取到这个 Cookie，服务器无法判断 Cookie 是不是真实用户发送的，所以 Cookie 可能被伪造。可以伪造 Cookie 实现登录进行一些 HTTP 请求。如果从安全性上来讲，Session 比 Cookie 安全性稍微高一些，客户端第一次请求服务器的时候，服务器会为客户端创建一个 Session，并将通过特殊算法算出一个 Session 的 ID，下次请求资源时（Session 未过期），浏览器会将 SessionID（实质是 Cookie）放置到请求头中，服务器接收到请求后就得到该请求的 SessionID，服务器找到该 ID 的 Session 返还给请求者使用。

8. Session 的生命周期

根据需求设定，一般来说为半小时。例如，登录一个服务器，服务器返回给一个 SessionID，登录成功之后的半小时之内没有对该服务器进行任何 HTTP 请求，半小时后进行一次 HTTP 请求，会提示重新登录。

9. Session 的缺陷

因为 Session 是存储在服务器当中的，所以 Session 过多，会对服务器产生压力。Session 的生命周期算是减少服务器压力的一种方式。

10. Cookie 与 Session 的比较

知道了 Cookie 与 Session，我们来做一些简单的总结：

（1）Cookie 可以存储在浏览器或者本地，Session 只能存储在服务器；

（2）Session 比 Cookie 更具有安全性；

（3）Session 占用服务器性能，Session 过多，增加服务器压力；

（4）单个 Cookie 保存的数据不能超过 4KB，很多浏览器都限制一个站点最多保存 20 个 Cookie。

9.2 精选面试、笔试题解析

Servlet 是在服务器上运行的小程序，它通常用于在客户端运行，为用户提供运算或者定位图形等服务。基于以上知识点我们将在以下的内容中展示一些面试、笔试题，教给读者一些应聘技巧。

9.2.1 什么是 Servlet

题面解析：本题主要考查应聘者对基本知识点的掌握程度，应聘者应该清楚地理解 Servlet

的基本概念、注意事项，做到准确及时地回答问题。

解析过程：

Java Servlet 是运行在 Web 服务器或应用服务器上的程序，它是作为来自 Web 浏览器或其他 HTTP 客户端的请求和 HTTP 服务器上的数据库或应用程序之间的中间层。

使用 Servlet，可以收集来自网页表单的用户输入，呈现来自数据库或者其他来源的记录，还可以动态创建网页。

Java Servlet 通常情况下与使用 CGI（common gateway interface，公共网关接口）实现的程序可以达到异曲同工的效果。但是相比于 CGI，Servlet 有以下几点优势：

（1）性能明显更好。

（2）在 Web 服务器的地址空间内执行。这样它就没有必要再创建一个单独的进程来处理每个客户端请求。

（3）Servlet 是独立于平台的，因为它们是用 Java 编写的。

（4）服务器上的 Java 安全管理器具有一定的限制，以保护服务器计算机上的资源。因此，Servlet 是可信的。

（5）Java 类库的全部功能对 Servlet 来说都是可用的。它可以通过 Socket 和 RMI 机制与 Applet、数据库或其他软件进行交互。

Servlet 主要执行以下主要任务：

（1）读取客户端（浏览器）发送的显式的数据。这包括网页上的 HTML 表单，或者也可以是来自 Applet 或自定义的 HTTP 客户端程序的表单。

（2）读取客户端（浏览器）发送的隐式的 HTTP 请求数据。这包括 Cookies、媒体类型和浏览器能理解的压缩格式等。

（3）处理数据并生成结果。这个过程可能需要访问数据库，执行 RMI 或 CORBA 调用，调用 Web 服务，或者直接计算得出对应的响应。

（4）发送显式的数据（即文档）到客户端（浏览器）。该文档的格式可以是多种多样的，包括文本文件（HTML 或 XML）、二进制文件（GIF 图像）、Excel 等。

（5）发送隐式的 HTTP 响应到客户端（浏览器）。这包括告诉浏览器或其他客户端被返回的文档类型（例如 HTML）、设置 Cookie 和缓存参数，以及其他类似的任务。

9.2.2 Servlet 是如何运行的

题面解析：本题主要考查应聘者对 Servlet 运行原理的掌握情况。本题比较基础，属于对基本的知识点掌握理解。应聘者首先应对运行流程有简单的了解，然后经过总结能够连续地表达自己的观点。

解析过程：

例如：http://ip:port/applicationName/login?name=Yishen&password=123。

（1）浏览器使用 Socket（IP+端口）与服务器建立连接。

（2）浏览器将请求数据按照 HTTP 打成一个数据包（请求数据包）发送给服务器。

（3）服务器解析请求数据包并创建请求对象（request）和响应对象（response）。

请求对象是 HttpServletRequest 接口的一个实现。响应对象是 HttpServletResponse 接口的一个实现，响应对象用于存放 Servlet 处理的结果。

（4）服务器将解析之后的数据存放到请求对象（request）里面。

（5）服务器依据请求资源路径找到相应的 Servlet 配置，通过反射创建 Servlet 实例。

（6）服务器调用其 service()方法，在调用 service()方法时，会将事先创建好的请求对象（request）和响应对象（response）作为参数进行传递。

（7）在 Servlet 内部，可以通过 request 获得请求数据，或者通过 response 设置响应数据。

（8）服务器从 response 中获取数据，按照 HTTP 打成一个数据包（响应数据包），发送给浏览器。

（9）浏览器解析响应数据包，取出相应的数据，生成相应的界面。

图 9-4 展示了 Servlet 的运行过程。

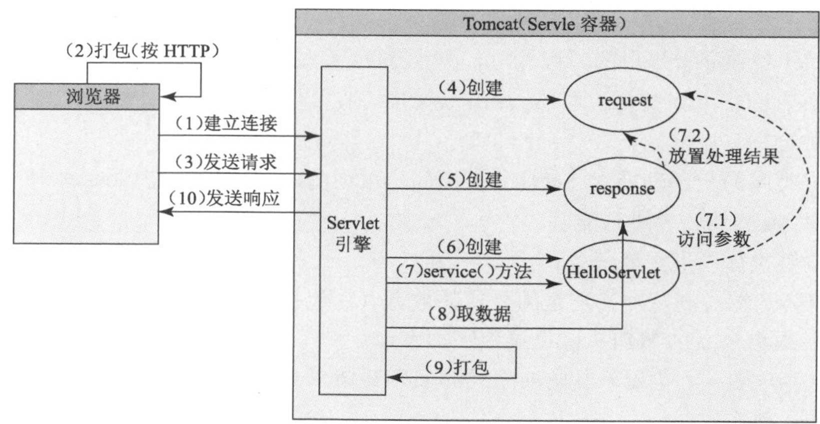

图 9-4 Servlet 的运行过程

9.2.3 常见的状态码有哪些

题面解析：本题主要是对常见状态码的考查，熟练的记忆是前提，若在工作中遇到能够知道是什么原因导致的错误，能够及时地排除故障。

解析过程：

常见的状态码如表 9-3 所示。

表 9-3 常见的状态码

类 别	类 别	原 因 短 语
1XX	Informational（信息性状态码）	接受的请求正在处理
2XX	Success（成功状态码）	请求正常处理完毕
3XX	Redirection（重定向状态码）	需要进行附加操作以完成请求
4XX	Client Error（客户端错误状态码）	服务器无法处理请求
5XX	Server Error（服务器错误状态码）	服务器处理请求出错

（1）2XX：表明请求被正常处理了。

①200 OK：请求已正常处理。

②204 No Content：请求处理成功，但没有任何资源可以返回给客户端，一般在只需要从客户端往服务器发送信息，而对客户端不需要发送新信息内容的情况下使用。

③206 Partial Content：是对资源某一部分的请求，该状态码表示客户端进行了范围请求，而服务器成功执行了这部分的 GET 请求。响应报文中包含由 Content-Range 指定范围的实体内容。

（2）3XX：表明浏览器需要执行某些特殊的处理以正确处理请求。

①301 Moved Permanently：资源的 URL 已更新。永久性重定向，请求的资源已经被分配了新的 URL，以后应使用资源现在所指的 URL。

②302 Found：资源的 URL 已临时定位到其他位置了。临时性重定向。和 301 相似，但 302 代表的资源不是永久性移动，只是临时性质的。换句话说，已移动的资源对应的 URL 将来还有可能发生改变。

③303 See Other：资源的 URL 已更新，是否能按照新的 URL 访问。该状态码表示由于请求对应的资源存在着另一个 URL，应使用 Get()方法定向获取请求的资源。303 状态码和 302 状态码有着相同的功能，但 303 状态码明确表示客户端应当采用 Get()方法获取资源，这点与 302 状态码有区别。

当 301、302、303 响应状态码返回时，几乎所有的浏览器都会把 POST 改成 GET，并删除请求报文内的主体，之后请求会自动再次发送。

④304 Not Modified：资源已找到，但未符合条件请求。该状态码表示客户端发送附带条件的请求时（采用 Get()方法的请求报文中包含 If-Match、If-Modified-Since、If-None-Match、If-Range、If-Unmodified-Since 中任一个首部）服务端允许请求访问资源，但因发生请求未满足条件的情况后，直接返回 304。

⑤307 Temporary Redirect：临时重定向，与 302 有相同的含义。

（3）4XX：表明客户端是发生错误的原因所在。

①400 Bad Request：服务器端无法理解客户端发送的请求，请求报文中可能存在语法错误。

②401 Unauthorized：该状态码表示发送的请求需要有通过 HTTP 认证（BASIC 认证，DIGEST 认证）的认证信息。

③403 Forbidden：不允许访问那个资源。该状态码表明对请求资源的访问被服务器拒绝了。

④404 Not Found：服务器上没有请求的资源、路径错误等。

（4）5XX：表明服务器本身发生错误。

①500 Internal Server Error：内部资源出故障了。该状态码表明服务器端在执行请求时发生了错误，也有可能是 Web 应用存在 bug 或某些临时故障。

②503 Service Unavailable：该状态码表明服务器暂时处于超负载或正在停机维护，现在无法处理请求。

9.2.4 GET 和 POST 的区别

题面解析：GET 和 POST 传输数据是客户端向服务端传输数据的两种形式，一种是明文传输，一种是加密传输，对这两种方式要能够有一个清晰的理解，区别两者的不同之处。这道题是面试中经常遇到的问题，一定要准确地理解掌握。

解析过程：

1. 在原理方面的区别

一般我们在浏览器中输入一个网址访问网站都是 GET 请求；在 Form 表单中，可以通过设置 method 指定提交方式为 GET 或者 POST，默认为 GET 提交方式。

HTTP 定义了与服务器交互的不同方法，其中最基本的看五种：GET、POST、PUT、DELETE、HEAD，其中 GET 和 HEAD 被称为安全方法，因为使用 GET 和 HEAD 的 HTTP 请求不会产生什么动作。不会产生动作意味着 GET 和 HEAD 的 HTTP 请求不会在服务器上产生任何结果。但是安全方法并不是什么动作都不产生，这里的安全方法仅仅指不会修改信息。

根据 HTTP 规范，POST 可能会修改服务器上的资源的请求。比如 CSDN 的博客，用户提交一篇文章或者一个读者提交评论是通过 POST 请求来实现的，再提交文章或者评论后资源（即某个页面）不同了，或者说资源被修改了，这些便是“不安全方法”。

2. 表现形式的区别

搞清楚了两者的原理区别后，我们来看一下在实际应用中的区别。

首先看一下 HTTP 请求的格式：

```
<method> <request-URL> <version>

<headers>
<entity-body>
```

在 HTTP 请求中，第一行必须是一个请求行，包括请求方法、请求 URL、报文所用 HTTP 版本信息。紧接着是一个 headers 小节，可以有零或一个首部，用来说明服务器要使用的附加信息。在首部之后就是一个空行，最后就是报文实体的主体部分，包含一个由任意数据组成的数据块，但是并不是所有的报文都包含实体的主体部分。

GET 请求实例：

```
GET http://weibo.com/signup/signup.php?inviteCode=2399493434
Host: weibo.com
Accept: text/html,application/xhtml+xml,application/xml;q=0.9,image/webp,*/*;q=0.9
```

POST 请求实例：

```
POST /inventory-check.cgi HTTP/1.1
Host: www.joes-hardware.com
Content-Type: text/plain
Content-length: 19
item=bandsaw 2647
```

接下来看看两种请求方式的区别：

（1）GET 请求，请求的数据会附加在 URL 之后，以?分隔 URL 和传输数据，多个参数用&连接。URL 的编码格式采用的是 ASCII 编码，而不是 Unicode，即是说所有的非 ASCII 字符都要编码之后再传输。

（2）POST 请求：POST 请求会把请求的数据放置在 HTTP 请求包的包体中。上面的 item=bandsaw 就是实际的传输数据。因此，GET 请求的数据会暴露在地址栏中，而 POST 请求则不会。

（3）传输数据的大小。

在 HTTP 规范中，没有对 URL 的长度和传输的数据大小进行限制。但是在实际开发过程中，对于 GET，特定的浏览器和服务器对 URL 的长度有限制。因此，在使用 GET 请求时，传输数据会受到 URL 长度的限制。

对于 POST，由于不是 URL 传值，理论上是不会受限制的，但是实际上各个服务器会规定对 POST 提交数据大小进行限制，Apache、IIS 都有各自的配置。

（4）安全性。

POST 的安全性比 GET 的高。这里的安全是指真正的安全，而不同于上面介绍 GET 提到的安全方法中的安全，上面提到的安全仅仅是不修改服务器的数据。比如，在进行登录操作时，通过 GET 请求，用户名和密码都会暴露在 URL 上，因为登录页面有可能被浏览器缓存以及其他人查看浏览器的历史记录，此时的用户名和密码就很容易被他人拿到了。除此之外，GET 请求提交的数据还可能会造成 Cross-site request frogery 攻击。

（5）HTTP 中的 Get()、Post()、SOAP 都是在 HTTP 上运行的。

3. HTTP 响应

HTTP 响应报文：

```
<version> <status> <reason-phrase>
<headers>
<entity-body>
```

status 状态码描述了请求过程中发生的情况；reason-phrase 是数字状态码的可读版本。

常见的状态码以及含义如下：

（1）200 OK：服务器成功处理请求。

（2）301/302 Moved Permanently（重定向）：请求的 URL 已移走。响应报文中应该包含一个 Location URL，说明资源现在所处的位置。

（3）304 Not Modified（未修改）：客户的缓存资源是最新的，要客户端使用缓存内容。

（4）404 Not Found：未找到资源。

（5）501 Internal Server Error：服务器遇到错误，使其无法对请求提供服务。

HTTP 响应示例，HTTP/1.1 200 OK。

```
Content-type: text/plain
Content-length: 12
Hello World!
```

9.2.5 如何获取请求参数值

题面解析：这道题是对基本知识点的考查，在参数值获取方法上，应该分别在不同的方面进行分析，多角度考虑问题，在表达过程中尽量分点描述。

解析过程：

（1）使用 request 提供的（如果客户端表单数据没有格式检查，遇到非字符串类型参数建议使用）String request.getParameter("表单 name 属性值")文本、密码、单选按钮，必须与实际发送过来的参数名一致，如果不一致，则会获得 null 提示。

或者 String[] getParamterValues("表单 name 属性值")方法用于复选框，对多选、单选按钮要设置 value 属性值，提交的数据就是 value 的值。对于复选框和单选按钮，如果不选择任何选项，则会获得 null 提示。

其中参数名一定要与客户端表单中的控件 name 属性相一致，所以在构建表单各元素时，

name 属性一定要有。而 name 属性和 id 属性的区别就在于，id 属性一般是作为客户端区分控件的标识，name 属性是服务器端区分各控件的标识。

（2）在处理方法里面，添加相应的参数（少量参数使用）。

①参数名应该与请求参数名一致（就是添加参数名字和表单 name 属性值一样）。

②如果不一致，可以使用@RequestParam("请求参数名")。

（3）使用对象来封装提交数据（大量参数使用）。

封装请求参数类要求如下：

①属性名与请求参数名一致；

②提供相应的 Get()/Set()方法；

③String 会将请求参数值自动转换成实际的参数类型，注意转换有可能会出错。一般不建议使用 String。

9.2.6 重定向和转发

试题题面： 什么是重定向和转发？两者之间有什么区别？

题面解析： 本题属于概念型问题，也是面试中经常问的问题，首先要知道什么是重定向，什么是转发，要清楚地知道这两者的定义，然后将两者进行比较，分别说出这两者之间有什么区别，回答这一类问题都是这种思路。

解析过程：

1. 重定向

（1）重定向过程：客户浏览器发送 HTTP 请求，Web 服务器接收后发送 302 状态码响应及对应新的 Location 给客户浏览器，客户浏览器发现是 302 响应，则自动再发送一个新的 HTTP 请求，请求 URL 是新的 Location 地址，服务器根据此请求寻找资源并发送给客户。在这里 Location 可以重定向到任意 URL，既然是浏览器重新发出了请求，则就没有 request 传递的概念了。在客户浏览器路径栏显示的是其重定向的路径，客户可以观察到地址的变化。重定向行为是浏览器做了至少两次访问请求的。

重定向到某一个页面：

```
response.sendRedirect("xx.jsp");
```

使用如下重定向方法：

```
response.setStatus(302);response.addHeader("Location","URL");
```

sendRedirect()方法属于 response 的方法，当这个请求处理完之后，看到 response.senRedirect()，将立即返回客户端，然后客户端再重新发送一个请求，去访问 xx.jsp 页面。

（2）重定向流程为：客户端请求→响应，遇到 sendRedirect()，返回响应→客户端再次请求 xx.jsp 页面→响应。这里两个请求互不干扰，相互独立，在前面请求 setAttribute()的任何东西，在后面的请求中都获得不了。

总结：在 response.sendRedirect("xx.jsp")里面有两个请求、两个响应，地址栏会发生改变。

2. 转发

转发过程：客户浏览器发送 HTTP 请求，Web 服务器接收此请求，调用内部的一个方法在容器内部完成请求处理和转发动作，将目标资源发送给客户；在这里，转发的路径必须是同一个 Web 容器下的 URL，其不能转向到其他的 Web 路径上去，中间传递的是自己的容器内的请求。在客户浏览器路径栏显示的仍然是其第一次访问的路径，也就是说客户是感觉不到服务器做了转发的，转发行为是浏览器只做了一次访问请求。

通过转发将请求提交给别的地方进行处理：

```
request.getRequestDispatcher("new.jsp").forward(request,response);
```

当发送请求时，服务器会根据请求创建一个代表请求的 request 对象和一个代表响应的 response 对象。当 response 返回数据时，并不是直接提交到页面上，而是先存储在了 response 自己的缓存区，当整个请求结束的时候，服务器会将 response 缓存区中的内容全部取出，返回给页面。

3. 重定向和转发的区别

重定向和转发有一个重要的不同：当使用转发时，JSP 容器将使用一个内部的方法来调用目标页面，新的页面继续处理同一个请求，而浏览器将不会知道这个过程。与之相反，重定向方式的含义是第一个页面通知浏览器发送一个新的页面请求。因为当使用重定向时，浏览器中所显示的 URL 会变成新页面的 URL，而当使用转发时，该 URL 会保持不变。重定向的速度比转发慢，因为浏览器还得发出一个新的请求。同时，由于重定向方式产生了一个新的请求，所以经过一次重定向后，请求内的对象将无法使用。

怎么选择是重定向还是转发呢？

通常情况下转发更快，而且能保持请求内的对象，所以它是第一选择。但是由于在转发之后，浏览器中 URL 仍然指向开始页面，此时如果重载当前页面，开始页面将会被重新调用。如果不想看到这样的情况，则选择转发。

不要仅仅为了把变量传到下一个页面而使用 session 作用域，那会无故增大变量的作用域，转发也许可以帮助解决这个问题。

（1）重定向：以前的请求中存放的变量全部失效，并进入一个新的请求作用域。

（2）转发：以前的请求中存放的变量不会失效，就像把两个页面拼到了一起。

9.2.7　过滤器、拦截器和监听器分别是什么

题面解析：这道题是对基本概念的考查，熟练记忆是前提，对概念、定义类知识的解答主要就靠平时的积累，记得回答的时候分点叙述，条理清晰。

解析过程：

1. 过滤器

过滤器依赖于 Servlet 容器，在实现上基于函数回调，可以对几乎所有请求进行过滤，但是缺点是一个过滤器实例只能在容器初始化时调用一次。使用过滤器的目的是做一些过滤操作，获取我们想要获取的数据，比如：在过滤器中修改字符编码；在过滤器中修改 HttpServletRequest 的一些参数，包括过滤低俗文字、危险字符等。

（1）项目中使用：编写实现接口的类在 web.xml 中进行配置。

（2）过滤器只需要实现 javax.Servlet.filter，重写 doFilter()、init()和 destroy()方法即可。

（3）实现 doFilter()方法，完成对请求或响应的过滤。

（4）实现 init()方法，读取过滤器的初始化参数。

（5）实现 destroy()方法，过滤器销毁的时候做一些操作。

2. 拦截器

拦截器依赖于 Web 框架，在 Spring MVC 中就是依赖于 Spring MVC 框架。在实现上基于 Java 的反射机制，属于面向切面编程（AOP）的一种运用。由于拦截器是基于 Web 框架的调用，因此可以使用 Spring 的依赖注入（DI）进行一些业务操作，同时一个拦截器实例在一个控制器生命周期之内可以多次调用。但是缺点是只能对控制器请求进行拦截，对其他的一些比如直接访问静态资源的请求则没办法进行拦截处理。

项目中使用：编写实现接口的类在 SpringMVC.xml 中进行配置。

（1）preHandle()方法将在请求处理之前进行调用。所以可以在这个方法中进行一些前置初始化操作或者是对当前请求的一个预处理，也可以在这个方法中进行一些判断来决定请求是否要继续进行下去。该方法的返回值是 boolean 类型的，当它返回为 false 时，表示请求结束，后续的 Interceptor 和 Controller 都不会再执行；当返回值为 true 时就会继续调用下一个 Interceptor 的 preHandle()方法，如果已经是最后一个 Interceptor 就会调用当前请求的 Controller()方法。

（2）postHandle()方法，顾名思义就是在当前请求进行处理之后，也就是 Controller()方法调用之后执行，但是它会在 DispatcherServlet 进行视图返回渲染之前被调用，所以我们可以在这个方法中对 Controller 处理之后的 ModelAndView 对象进行操作。

（3）afterCompletion()方法将在整个请求结束之后，也就是在 DispatcherServlet 渲染了对应的视图之后执行。这个方法的主要作用是进行资源清理。

3. 监听器

Web 监听器是一种 Servlet 中的特殊的类，它们能帮助开发者监听 Web 中的特定事件，实现了 javax.Servlet.ServletContextListener 接口的服务器端程序，它也是随 Web 应用的启动而启动，只初始化一次，随 Web 应用的停止而销毁。

（1）主要作用：感知到包括 request（请求域）、session（会话域）和 application（应用程序）的初始化和属性的变化。

（2）项目中使用：编写实现接口的类在 SpringMVC.xml 中进行配置。

监听器接口主要有四类八种，能够监听包括 request 域、session 域、application 域的产生、销毁和属性的变化。

4. 监听对象的创建

（1）ServletContext：主要监听 ServletContext 的创建，需要实现 ServeltContextListener 接口。

（2）ServletRequest：主要监听 request 的创建，需要实现 ServletRequestListener 接口。

（3）HttpSession：主要监听 session 的创建，需要实现 HttpSessionListener 接口。

9.2.8 JSP 的内置对象和方法

题面解析：本题是对概念和方法的考查，首先应该知道 JSP 有多少个内置对象，分别是什么，还要对方法进行阐述，要知道在编码的过程中是如何使用的。

解析过程：

JSP 一共定义了九个对象分别为 request、response、session、application、out、config、pageContext、page 和 exception。

（1）request 代表着客户端的请求信息，主要用于接收通过 HTTP 传送到服务器的数据，request 对象的作用域为一次请求。

request 常用的方法如下：

①getParameter(String strTextName)：获取表单提交的信息；

②getProtocol()：获取客户使用的协议，String strProtocol=request.getProtocol()；

③getServletPath()：获取客户提交信息的页面，String strServlet=request.getServletPath()；

④getMethod()：获取客户提交信息的方式，String strMethod=request.getMethod()；

⑤getHeader()：获取 HTTP 头文件中的 accept、accept-encoding 和 host 的值，String strHeader=request.getHeader()；

⑥getRermoteAddr()：获取客户的 IP 地址，String strIP=request.getRemoteAddr()；

⑦getRemoteHost()：获取客户机的名称，String clientName=request.getRemoteHost()；

⑧getServerName()：获取服务器名称，String serverName=request.getServerName()；

⑨getServerPort()：获取服务器的端口号，int serverPort=request.getServerPort()；

⑩getParameterNames()：获取客户端提交的所有参数的名字。

（2）response 代表对客户端的请求，主要将 JSP 容器处理过的对象传回客户端，它只在 JSP 页面有效。

常用方法：

①setContentType(String s)，改变 contentType 的属性值；

②response.sendRedirect(index.jsp)，重定向。

（3）session 是一个 JSP 内置对象，在第一个 JSP 页面被加载时自动创建，完成会话期的管理。当客户进行请求 JSP 页面的时候，JSP 引擎会自动创建一个 session 对象，给这个对象一个 ID 号，JSP 引擎将这个 ID 号发送给客户端，存放在 Cookie 中，该对象保存的数据格式为 key/value。

常用方法：

①public String getId()：获取 session 对象的 ID；

②public void setAttribute(String key,Object obj)：将参数 Object 指定的对象 obj 添加到 session 对象中，并为添加的对象指定一个索引关键字；

③public Object getAttribute(String key)：获取 session 对象中含有关键字的对象；

④public Boolean isNew()：判断是否是一个新的客户。

（4）application 对象：只要服务器一启动就会创建该对象，直到服务器关闭。所有客户的 application 对象都是同一个。

常用方法：

①setAttribute(String key, Object obj)：将参数 Object 指定的对象 obj 添加到 application 对象中，并为添加的对象指定一个索引关键字；

②getAttribute(String key)：获取 application 对象中含有关键字的对象。

（5）out 用于在浏览器中输出信息，并且管理应用服务器上的输出缓冲区。

常用方法：

①out.print()：输出各种类型数据；

②out.newLine()：输出一个换行符；

③out.close()：关闭流。

（6）config 对象的主要作用是取得服务器的配置信息。通过 pageConext 对象的 getServletConfig() 方法可以获取一个 config 对象。当一个 Servlet 初始化时，容器把某些信息通过 config 对象传递给这个 Servlet。开发者可以在 web.xml 文件中为应用程序环境中的 Servlet 程序和 JSP 页面提供初始化参数。

（7）pageContext 可以取得任何范围的参数，通过它可以获取 JSP 页面的 out、request、response、application 等对象。

（8）page 代表 JSP 本身，有点像 Java 中的 this 关键字。

（9）exception 用于显示异常信息，只有在包含 isErrorPage="true"的页面才能被使用。

9.2.9 Cookie 和 Session 有什么区别

题面解析：这道题是面试中的常见问题，出现的频率相当高，要知道 Cookie 的原理、Session 的原理，它们分别如何保存临时回话，以及它们之间有什么区别。

解析过程：

1. Cookie

在网站中，HTTP 请求是无状态的。也就是说即使第一次和服务器连接后并且登录成功后，第二次请求服务器依然不能知道当前请求来自哪个用户。Cookie 的出现就是为了解决这个问题，第一次登录后服务器返回一些数据（Cookie）给浏览器，然后浏览器保存在本地，当该用户发送第二次请求的时候，就会自动地把上次请求存储的 Cookie 数据携带给服务器，服务器通过浏览器携带的数据就能判断当前用户是哪个了。Cookie 存储的数据量有限，不同的浏览器有不同的存储大小，但一般不超过 4KB，因此使用 Cookie 只能存储一些小量的数据。

2. Session

Session 和 Cookie 的作用有点类似，都是为了存储用户相关的信息。不同的是 Cookie 是存储在本地浏览器，而 Session 存储在服务器。存储在服务器的数据会更加安全，不容易被窃取。但存储在服务器也有一定的弊端，就是会占用服务器的资源，但服务器发展至今，存储一些 Session 信息还是绰绰有余的。

3. Cookie 和 Session 的区别

（1）Cookie 数据存放在客户的浏览器上，Session 数据放在服务器上。

简单地说，当登录一个网站的时候，如果 Web 服务器端使用的是 Session，那么所有的数据都保存在服务器上面，客户端每次请求服务器的时候会发送当前会话的 SessionID，服务器根据当前 SessionID 判断相应的用户数据标志，以确定用户是否登录，或具有某种权限。

由于数据是存储在服务器上面，所以不能伪造。

SessionID 是服务器和客户端链接时候随机分配的，一般来说是不会有重复的，但如果有大量的并发请求，也不是没有重复的可能性。

Session 是由应用服务器维持的一个服务器端的存储空间，用户在连接服务器时，会由服务器生成一个唯一的 SessionID，用该 SessionID 为标识符来存取服务器端的 Session 存储空间。而 SessionID 这一数据则是保存到客户端，且用 Cookie 保存的，用户提交页面时，会将这一 SessionID 提交到服务器端，来存取 Session 数据。这一过程，是不用开发人员干预的。所以一旦客户端禁用 Cookie，那么 Session 也会失效。

（2）Cookie 不是很安全，别人可以分析存放在本地的 Cookie 并进行 Cookie 欺骗。考虑到安全，应当使用 Session。

（3）设置 Cookie 时间可以使 Cookie 过期。但是使用 session-destory()，将会销毁会话。

（4）Session 会在一定时间内保存在服务器上。当访问增多时，会比较影响服务器的性能。考虑到减轻服务器性能方面的负担，应当使用 Cookie。

（5）单个 Cookie 保存的数据不能超过 4KB，很多浏览器都限制一个站点最多保存 20 个 Cookie（Session 对象没有对存储的数据量的限制，其中可以保存更为复杂的数据类型）。

9.2.10 Servlet 执行时一般实现哪几个方法

题面解析：本题主要考查应聘者对 Servlet 运行原理的掌握情况，比较基础，是属于对基本的知识点掌握理解。首先应对运行流程有个简单的了解，然后能够清晰地将知识点表达出来。

解析过程：

Servlet 类要继承的 GenericServlet 与 HttpServlet 类和一般要实现的方法如下：

（1）GenericServlet 类是一个实现了 Servlet 的基本特征和功能的基类，其完整名称为 javax.Servlet.GenericServlet，它实现了 Servlet 和 ServletConfig 接口。

（2） HttpServlet 类是 GenericServlet 的子类，其完整名称为 javax.Servlet.HttpServlet，它提供了处理 HTTP 的基本构架。如果一个 Servlet 类要充分使用 HTTP 的功能，就应该继承 HttpServlet。在 HttpServlet 类及其子类中，除可以调用 HttpServlet 类内部新定义的方法外，还可以调用包括 Servlet、ServletConfig 接口和 GenericServlet 类中的一些方法。

（3）Servlet 执行时一般要实现的方法：

```
public void init(ServletConfig config)
public void service(ServletRequest request,ServletResponse response)
public void destroy()
public ServletConfig getServletConfig()
public String getServletInfo()
```

①init()方法在 Servlet 的生命周期中仅执行一次，在 Servlet 引擎创建 Servlet 对象后执行。Servlet 在调用 init()方法时，会传递一个包含 Servlet 的配置和运行环境信息的 ServletConfig 对象。如果初始化代码中要使用到 ServletConfig 对象，则初始化代码就只能在 Servlet 的 init()方法中编写，而不能在构造方法中编写。默认的 init()方法通常是符合要求的，不过也可以根据需要进行覆盖，比如管理服务器端资源、初始化数据库连接等，默认的 inti()方法设置了 Servlet 的初始化参数，并用它的 ServeltConfig 对象参数来启动配置，所以覆盖 init()方法时，应调用 super.init()以确保仍然执行这些任务。

②service()方法是 Servlet 的核心，用于响应对 Servlet 的访问请求。对于 HttpServlet，每当

客户请求一个 HttpServlet 对象时，该对象的 service()方法就要被调用，HttpServlet 默认的 service()方法的服务功能就是调用与 HTTP 请求的方法相应的 do 功能：doPost()和 doGet()，所以对于 HttpServlet，一般都是重写 doPost()和 doGet()方法。

③destroy()方法在 Servlet 的生命周期中也仅执行一次，即在服务器停止卸载 Servlet 之前被调用，把 Servlet 作为服务器进程的一部分关闭。默认的 destroy()方法通常是符合要求的，但也可以覆盖，来完成与 init()方法相反的功能。比如在卸载 Servlet 时将统计数字保存在文件中，或是关闭数据库连接或 I/O 流。

④getServletConfig()方法返回一个 ServletConfig 对象，该对象用来返回初始化参数和 ServletContext。ServletContext 接口提供有关 Servlet 的环境信息。

⑤getServletInfo()方法提供有关 Servlet 的描述信息，如作者、版本、版权。可以对它进行覆盖。

⑥doXxx()方法客户端可以用 HTTP 中规定的各种请求方式来访问 Servlet，Servlet 采取不同的访问方式进行处理。不管用哪种请求方式访问 Servlet，Servlet 引擎都会调用 Servlet 的 service()方法，service()方法是所有请求方式的入口。

doGet()用于处理 GET 请求；
doPost()用于处理 POST 请求；
doHead()用于处理 HEAD 请求；
doPut()用于处理 PUT 请求；
doDelete()用于处理 DELETE 请求；
doTrace()用于处理 TRACE 请求；
doOptions()用于处理 OPTIONS 请求。

9.2.11 Servlet 是线程安全的吗

题面解析：本题是一道比较综合的问题，要了解 Servlet 的知识以及原理，然后进行说明 Servlet 是否属于线程安全。

解析过程：

Servlet 是线程安全的吗？

虽然 service()方法运行在多线程的环境下，但是并不一定要同步该方法，而是要看这个方法在执行过程中访问的资源类型（是不是成员变量、是不是全局资源）及对资源的访问方式（是对资源进行读还是进行写）。分析如下：

（1）如果 service()方法没有访问 Servlet 的成员变量也没有访问全局的资源，比如静态变量、文件、数据库连接等，而是只使用了当前线程自己的资源，比如非指向全局资源的临时变量、request 和 response 对象等。该方法本身就是线程安全的，不必进行任何的同步控制。

（2）如果 service()方法访问了 Servlet 的成员变量，但是对该变量的操作是只读操作，该方法本身就是线程安全的，不必进行任何的同步控制。

（3）如果 service()方法访问了 Servlet 的成员变量，并且对该变量的操作既有读又有写，通常需要加上同步控制语句。

（4）如果 service()方法访问了全局的静态变量，同一时刻系统中也可能有其他线程访问该静态变量，既有读也有写的操作，通常需要加上同步控制语句。

（5）如果 service()方法访问了全局的资源，比如文件、数据库连接等，通常需要加上同步控制语句。

9.3　名企真题解析

下面我们将针对大型企业的面试问题，挑选几道进行重点讲解，以便大家在面试中能够游刃有余，轻松面对。

9.3.1　JSP 和 Servlet 有哪些相同点和不同点

【选自 WY 笔试题】

题面解析：本题是一道比较综合的问题，属于比较类题目。首先应该了解 JSP 的知识以及原理，其次还要了解 Servlet 的知识以及原理，然后将两者进行比较，分别说出两者的相同点和不同点。

解析过程：

（1）JSP 经编译后就变成了 Servlet（JSP 的本质就是 Servlet，JVM 只能识别 Java 的类，不能识别 JSP 的代码，Web 容器将 JSP 的代码编译成 JVM 能够识别的 Java 类）。

（2）JSP 更擅长于页面显示，Servlet 更擅长于逻辑控制。

（3）Servlet 中没有内置对象，JSP 中的内置对象都必须通过 HttpServletRequest 对象、HttpServletResponse 对象以及 HttpServlet 对象得到。

JSP 是 Servlet 的一种简化，使用 JSP 只需要完成输出到客户端的内容，JSP 中的 Java 脚本如何镶嵌到一个类中，由 JSP 容器完成。而 Servlet 则是个完整的 Java 类，这个类的 service()方法用于生成对客户端的响应。

（4）联系。

①JSP 是 Servlet 技术的扩展，本质上就是 Servlet 的简易方式。

②JSP 编译后是“类 Servlet”。

③Servlet 和 JSP 最主要的不同点在于，Servlet 的应用逻辑在 Java 文件中，并且完全从表示层中的 HTML 里分离开来。而对于 JSP，Java 和 HTML 可以组合成一个扩展名为.jsp 的文件。

④JSP 侧重于视图，Servlet 主要用于控制逻辑。

9.3.2　Servlet 的生命周期是什么

【选自 MT 面试题】

题面解析：本题是对 Servlet 的考查。在掌握 Servlet 知识的基础上，还要了解 Servlet 的生命周期都有哪些阶段，是如何开始和结束的。

解析过程：

Servlet 的生命周期主要有初始化阶段、处理客户端请求阶段和终止阶段。

1. 初始化阶段

Servlet 容器加载 Servlet，加载完成后，Servlet 容器会创建一个 Servlet 实例并调用 init()方法，init()方法只会调用一次。

Servlet 容器会在以下几种情况加载 Servlet：

（1）Servlet 容器启动时自动加载某些 Servlet，这样需要在 web.xml 文件中添加 1。

（2）在 Servlet 容器启动后，客户首次向 Servlet 发送请求。

（3）Servlet 类文件被更新后，重新加载。

2. 处理客户端请求阶段

每收到一个客户端请求，服务器就会产生一个新的线程去处理。对于用户的 Servlet 请求，Servlet 容器会创建一个特定于请求的 ServletRequest 和 ServletResponse。对于 Tomcat 来说，它会将传递来的参数放入一个哈希表中，这是一个 String－>String[]的键值映射。

3. 终止阶段

当 Web 应用被终止，或者 Servlet 容器终止运行，又或者 Servlet 重新加载 Servlet 新实例时，Servlet 容器会调用 Servlet 的 destroy()方法。

9.3.3 如何实现 Servlet 的单线程模式

【选自 BD 面试题】

题面解析：这道题在大型企业的面试中也经常被问到。首先应该知道 Servlet，然后知道单线程模式是如何实现的，需要用到什么命令。

解析过程：

实现单线程 JSP 的指令如下：

```
<%@ page isThreadSafe="false">
<%@ page isThreadSafe="true|false">
```

默认值是 true。

（1）当默认值为 false 时，表示它是以 Singleton 模式运行，该模式实现了接口 SingleThread Mode。

该模式同一时刻只有一个实例，不会出现信息同步与否的概念。

若多个用户同时访问一个这种模式的页面，那么先访问者完全执行该页面后，后访问者才开始执行。

（2）当默认值为 true 时表示它是以多线程方式运行。

该模式的信息同步，需访问同步方法（用 synchronize 标记的）来实现。

9.3.4 四种会话跟踪技术

【选自 JD 面试题】

题面解析：四种会话跟踪技术是需要掌握的重点知识，不仅会在面试中经常问到，在平时的开发过程中也经常使用到，要能够进行区分，并且能够说出各自的特点。

解析过程：

1. 隐藏表单域

格式如下：

```
<input type="hidden" id="xxx" value="xxx">
```

特点：

（1）参数存放：参数是存放在请求实体里的，因此没有长度限制，但是不支持 GET 请求方法，因为 GET 没有请求实体；

（2）Cookie 禁用：当 Cookie 被禁用时依旧能够工作；

（3）持久性：不存在持久性，一旦浏览器关闭就结束。

2. URL 重写

可以在 URL 后面附加参数，和服务器的请求一起发送，这些参数为键值对。

特点：

（1）参数存放：参数是存放在 URL 里的，有 1024B 长度限制；

（2）Cookie 禁用：当 Cookie 被禁用时依旧能够工作；

（3）持久性：不存在持久性，一旦浏览器关闭就结束。

3. Cookie

Cookie 是浏览器保存的一个小文件，其包含多个键值对。

服务器首先使用 Set-Cookie 响应头传输多个参数给浏览器，浏览器将其保存为 Cookie，后续对同一服务器的请求都使用 Cookie 请求头将这些参数传输给服务器。

特点：

（1）参数存放：参数是存放在请求头部里的，也存在长度限制，但这个限制是服务器配置的限制，可以更改；

（2）Cookie 禁用：可能会禁用 Cookie；

（3）持久性：浏览器可以保存 Cookie 一段时间，在此期间 Cookie 持续有效。

4. Session

基于前三种会话跟踪技术之一（一般是基于 Cookie 技术，如果浏览器禁用 Cookie 则可以采用 URL 重写技术），在每一次请求中只传输唯一一个参数：SessionID，即会话 ID，服务器根据此会话 ID 开辟一块会话内存空间，以存放其他参数。

特点：

（1）会话数据全部存放在服务端，减轻了客户端及网络压力，但加剧了服务端压力；

（2）既然是基于前三种会话技术之一（Cookie、URL 重写、隐藏表单域），因此也具备其对应的几个特点。

第10章 框架

本章导读

本章主要介绍 Java 中关于框架在面试和笔试中常见的问题，主要分为三部分进行讲解，前半部分是针对框架的基础知识，后半部分是对基础知识的延伸，在最后一部分内容中有一些企业中面试以及笔试中的真题。

知识清单

本章要点（已掌握的在方框中打钩）

- ☐ Spring
- ☐ Spring MVC
- ☐ Struts 2
- ☐ Hibernate

10.1 基本框架

本节主要讲解 Java 中关于框架的基本知识，包括 Spring、Spring MVC、Struts 2、Hibernate 等，读者需要掌握这些基础知识才能在面试及笔试中应对自如。

10.1.1 Spring

Spring 框架是由于软件开发的复杂性而创建的。Spring 使用基本的 Java Bean 来完成以前只可能由 EJB 完成的事情。然而，Spring 的用途不仅仅限于服务器端的开发。从简单性、可测试性和松耦合性角度而言，绝大部分 Java 应用都可以从 Spring 中受益。

- 目的：解决企业应用开发的复杂性。
- 功能：使用基本的 Java Bean 代替 EJB，并提供了更多的企业应用功能。
- 范围：任何 Java 应用。

Spring 是一个轻量级控制反转（IOC）和面向切面（AOP）的容器框架。

Spring 的基本组成：

（1）最完善的轻量级核心框架。

（2）通用的事务管理抽象层。

（3）JDBC 抽象层。

（4）集成了 Toplink、Hibernate、JDO、iBATIS SQL Maps。

（5）AOP 功能。

（6）灵活的 MVC Web 应用框架。

10.1.2　Spring MVC

Spring 是框架，MVC 是一种设计模式。M 代表 model、V 代表 view、C 代表 controller 从字面意思也可以看出来 M 是指模型，一般指 DAO 和 service；V 代表显示，一般指页面，如 JSP、HTML 等；C 指的是控制器，比如 Struts 和 Spring MVC 中的 action 与 controller；而 Spring MVC 严格意义上指的是前端控制器，就是每次客户端与服务器交互都要经过 Spring MVC 的 controller。

通过策略接口，Spring 框架是高度可配置的，而且包含多种视图技术，例如 JavaServer Pages（JSP）技术、Velocity、Tiles、iText 和 POI。Spring MVC 框架并不知道使用的视图，所以不会强迫开发者只使用 JSP 技术。Spring MVC 分离了控制器、模型对象、过滤器以及处理程序对象的角色，这种分离让它们更容易进行定制。

10.1.3　Struts 2

Struts 2 是一个基于 MVC 设计模式的 Web 应用框架，它本质上相当于一个 Servlet。在 MVC 设计模式中，Struts 2 作为控制器（controller）来建立模型与视图的数据交互。Struts 2 是 Struts 的下一代产品，是在 Struts 1 和 WebWork 的技术基础上进行了合并的全新的 Struts 2 框架。其全新的 Struts 2 的体系结构与 Struts 1 的体系结构差别巨大。

Struts 2 以 WebWork 为核心，采用拦截器的机制来处理用户的请求，这样的设计也使得业务逻辑控制器能够与 ServletAPI 完全脱离开，所以 Struts 2 可以理解为 WebWork 的更新产品。虽然从 Struts 1 到 Struts 2 有着太大的变化，但是相对于 WebWork，Struts 2 的变化很小。

10.1.4　Hibernate

Hibernate 是一个开放源代码的对象关系映射框架，它对 JDBC 进行了非常轻量级的对象封装，它将 POJO 与数据库表建立映射关系，是一个全自动的 ORM 框架。Hibernate 可以自动生成 SQL 语句、自动执行，使得 Java 程序员可以随心所欲地使用面向对象编程思想来操纵数据库。Hibernate 可以应用在任何使用 JDBC 的场合，既可以在 Java 的客户端程序使用，也可以在 Servlet/JSP 的 Web 应用中使用。最具革命意义的是，Hibernate 可以在应用 EJB 的 Java EE 架构中取代 CMP，完成数据持久化的重任。

10.2 精选面试、笔试题解析

针对上面对框架基础知识的讲解，本节在基础知识上进行延伸，希望读者能够认真学习，掌握好知识。

10.2.1 什么是 SSM

题面解析：本题主要是对框架基础知识的讲解，在面试的过程中我们不要忽视在基础知识这方面的讲解。本题主要针对 SSM 框架结构介绍，包括 SSM 框架的含义，及包含哪些内容。

解析过程：

SSM 框架是 Spring+Spring MVC+MyBatis 的缩写，这个是继 SSH 之后，目前比较主流的 Java EE 企业级框架，适用于搭建各种大型的企业级应用系统。

1. Spring 简介

Spring 是一个开源框架，Spring 是于 2003 年兴起的一个轻量级的 Java 开发框架，由 Rod Johnson 在其著作 *Expert One-On-One J2EE Development and Design* 中阐述的部分理念和原型衍生而来。它是为了解决企业应用开发的复杂性而创建的。Spring 使用基本的 Java Bean 来完成以前只可能由 EJB 完成的事情。然而，Spring 的用途不仅限于服务器端的开发。从简单性、可测试性和松耦合的角度而言，任何 Java 应用都可以从 Spring 中受益。简单来说，Spring 是一个轻量级的控制反转和面向切面的容器框架。

2. Spring MVC 简介

Spring MVC 属于 Spring Framework 的后续产品，已经融合在 Spring Web Flow 里面，它原生支持的 Spring 特性，让开发变得非常简单规范。Spring MVC 分离了控制器、模型对象、分派器以及处理程序对象的角色，这种分离让它们更容易进行定制。

3. MyBatis 简介

MyBatis 本是 Apache 的一个开源项目 iBatis，2010 年这个项目由 Apache software foundation 迁移到了 Google code，并且改名为 MyBatis。MyBatis 是一个基于 Java 的持久层框架。iBatis 提供的持久层框架包括 SQL Maps 和 Data Access Objects（DAO）。MyBatis 消除了几乎所有的 JDBC 代码和参数的手工设置以及结果集的检索。MyBatis 使用简单的 XML 或注解用于配置和原始映射，将接口和 Java 的 POJO（Plain Old Java Objects，普通的 Java 对象）映射成数据库中的记录。可以这么理解，MyBatis 是一个用来帮助用户管理数据，进行增加、删除、修改、查找的框架。

10.2.2 什么是 IOC

题面解析：本题主要检验对框架知识的熟练掌握程度。当看到对于框架基础知识的询问时，在脑海中系统地对知识进行回忆。然后在基础知识上对 IOC 的概念、作用等进行解答。

解析过程：

IOC（Inversion of Control）即“控制反转”，不是一种技术，而是一种设计思想。在 Java

开发中，IOC 意味着将设计好的对象交给容器控制，而不是传统的在对象内部直接控制。

（1）谁控制谁？控制什么？

传统 Java SE 程序设计，直接在对象内部通过 new 进行创建对象，是程序主动去创建依赖对象；而 IOC 是有专门一个容器来创建这些对象，即由 IOC 容器来控制对象的创建。谁控制谁？当然是 IOC 容器控制了对象；控制什么？那就是主要控制了外部资源获取（不只是对象包括比如文件等）。

（2）为何是反转？哪些方面反转了？

有反转就有正转。传统应用程序是由我们自己在对象中主动控制去直接获取依赖对象，也就是正转；而反转则是由容器来帮忙创建及注入依赖对象。为何是反转？因为由容器帮我们查找及注入依赖对象，对象只是被动地接受依赖对象，所以是反转。哪些方面反转了？依赖对象的获取被反转了。

IOC 不是一种技术，只是一种思想，一个重要的面向对象编程的法则，指导我们如何设计出松耦合、更优良的程序。传统应用程序都是在类内部主动创建依赖对象，从而导致类与类之间高耦合，难以测试；有了 IOC 容器后，把创建和查找依赖对象的控制权交给了容器，由容器进行注入组合对象，所以对象与对象之间是松散耦合，这样也方便测试，利于功能复用，更重要的是使得程序的整个体系结构变得非常灵活。

其实 IOC 对编程带来的最大改变不是从代码上，而是从思想上，发生了“主从换位”的变化。应用程序要获取什么资源都是主动出击，但是在 IOC/DI 思想中，应用程序就变成被动的，被动地等待 IOC 容器来创建并注入它所需要的资源。

10.2.3　什么是 AOP

题面解析：本题主要考查应聘者对框架知识的熟练掌握程度。AOP 是 Spring 框架中的一项重要技术，先了解 Spring 框架，然后针对框架中 AOP 的基本概念进行介绍。

解析过程：

AOP 是 Spring 提供的关键特性之一。AOP 即面向切面编程，是 OOP 的有效补充。使用 AOP 技术，可以将一些与系统性相关的编程工作，独立提取出来，独立实现，然后通过切面切入系统。从而避免了在业务逻辑的代码中混入很多的系统相关的逻辑，比如权限管理、事务管理、日志记录等。这些系统性的编程工作都可以独立编码实现，然后通过 AOP 技术切入系统即可，从而达到了将不同的关注点分离出来的效果。接下来将深入讲解 Spring 的 AOP 的原理。

1. AOP 相关的概念

（1）Aspect：切面，切入系统的一个切面，比如事务管理是一个切面，权限管理也是一个切面。

（2）Join point：连接点，也就是可以进行横向切入的位置。

（3）Advice：通知，切面在某个连接点执行的操作（分为 Before advice、After returning advice、After throwing advice、After (finally) advice、Around advice）。

（4）Pointcut：切点，符合切点表达式的连接点，也就是真正被切入的地方。

2. AOP 的实现原理

AOP 分为静态 AOP 和动态 AOP。静态 AOP 是指 AspectJ 实现的 AOP，它是将切面代码直接编译到 Java 类文件中。动态 AOP 是指将切面代码进行动态植入实现的 AOP。Spring 的 AOP 为动态 AOP，实现的技术为 JDK 提供的动态代理技术和 CGLIB（动态字节码增强技术）。尽管实现技术不一样，但都是基于代理模式，都是生成一个代理对象。

10.2.4　MVC 和 Spring MVC 有什么区别

题面解析：本题主要在框架的基础知识上的延伸，应聘者首先要介绍两者的概念、用法，然后针对这些概念比较 MVC 与 Spring MVC 有什么区别。

解析过程：

分析 Spring 和 Spring MVC 两者之间的区别：

（1）Spring 是 IOC 和 AOP 的容器框架，Spring MVC 是基于 Spring 功能之上添加的 Web 框架，想用 Spring MVC 必须先依赖 Spring。可以将 Spring MVC 类比于 Struts。

（2）Spring 不仅是一个管理 Bean 的容器，还包括很多开源项目的总称。Spring MVC 是其中一个开源项目，它的过程是当收到 HTTP 响应时，由容器（如 Tomact）解析 HTTP 生成一个请求，通过映射关系（路径、方法、参数）由分发器找到一个可以处理这个请求的 Bean，从而在 Bean 容器里处理该请求，最后返回响应。

（3）Spring MVC 是一个 MVC 模式的 Web 开发框架。

（4）Spring 是一个通用解决方案，最大的用处就是通过 IOC/AOP 解耦，降低软件复杂性，所以 Spring 可以结合 Spring MVC 等很多其他解决方案一起使用，不仅仅只适用于 Web 开发。

10.2.5　Spring MVC 与 Struts 2 有什么区别

题面解析：本题主要在框架的基础知识上的延伸，应聘者需要首先要介绍两者的概念、用法，然后针对这些概念比较 Spring MVC 与 Struts 2 有什么区别。

解析过程：

从以下几个方面介绍 Spring MVC 与 Struts 2 的区别：

（1）核心控制器（前端控制器、预处理控制器）：对于使用过 MVC 框架的人来说，这个词应该不会陌生，核心控制器的主要用途是处理所有的请求，然后对那些特殊的请求（控制器）统一处理（字符编码、文件上传、参数接受、异常处理等等），Spring MVC 核心控制器是 Servlet，而 Struts 2 是 Filter。

（2）控制器实例：Spring MVC 会比 Struts 快一些（理论上）。Spring MVC 是基于方法设计，而 Struts 是基于对象，每当发一次请求都会实例一个 action，每个 action 都会被注入属性，而 Spring 更像 Servlet，只有一个实例，每次请求执行对应的方法即可（注意：由于是单例实例，所以应当避免全局变量的修改，这样会产生线程安全问题）。

（3）管理方式：大部分的核心架构中，就会使用到 Spring，而 Spring MVC 又是 Spring 中的一个模块，所以 Spring 对于 Spring MVC 的控制器管理更加简单方便，而且提供了全注解方式进行管理，各种功能的注解都比较全面，使用简单；而 Struts 2 需要采用 XML 很多的配置参数来管理。

（4）参数传递：Struts 2 中自身提供多种参数接受，其实都是通过 Value Stack 进行传递和赋值，而 Spring MVC 是通过方法的参数进行接收。

（5）学习难度：Struts 有很多新的技术点，比如拦截器、值栈及 OGNL 表达式，学习成本较高，Spring MVC 比较简单，较少的时间就能上手。

（6）interceptor 的实现机制：Struts 2 有以自己的 interceptor 机制，Spring MVC 用的是独立的 AOP 方式。这样导致 Struts 2 的配置文件量比 Spring MVC 大，虽然 Struts 2 的配置能继承，但是 Spring MVC 使用更加简洁，开发效率比 Struts 2 高。

（7）Spring MVC 是方法级别的拦截，一个方法对应一个 request 上下文，而方法同时又跟一个 URL 对应，所以说从架构本身上 Spring MVC 就容易实现 Restful URL。

（8）Struts 2 是类级别的拦截，一个类对应一个 request 上下文；实现 Restful URL 要费劲，因为 Struts 2 action 的一个方法可以对应一个 URL；而其类属性却被所有方法共享，这也就无法用注解或其他方式标识其所属方法了。

（9）Spring MVC 的方法之间基本上独立的，独享 request、response 数据，请求数据通过参数获取，处理结果通过 ModelMap 交回给框架，方法之间不共享变量，而 Struts 2 虽然方法之间也是独立的，但其所有 action 变量是共享的，这虽然不会影响程序运行，却给编码、读程序带来麻烦。

（10）Spring MVC 处理 Ajax 请求，直接通过返回数据，方法中使用注解@ResponseBody，spring MVC 自动将对象转换为 JSON 数据。而 Struts 2 是通过插件的方式进行处理。

在 Spring MVC 流行起来之前，Struts 2 在 MVC 框架中占有核心地位，随着 Spring MVC 的出现，Spring MVC 慢慢地取代 Struts 2，但是很多企业都是原来搭建的框架，使用 Struts 2 较多。

10.2.6　Spring 设计模式

试题题面：Spring 框架中有哪些不同类型的事件？Spring 框架中都用到了哪些设计模式？使用 Spring 框架的好处是什么？在 Spring 中如何注入一个 Java 集合？

题面解析：本题是针对前面已经介绍过的 Spring 概念的延伸，主要说明 Spring 框架有哪些不同类型的事件、用到的设计模式是什么、使用 Spring 的好处、如何注入一个 Java 集合。

解析过程：

Spring 框架是一个开源的 Java 平台，它为容易而快速地开发出耐用的 Java 应用程序提供了全面的基础设施。

（1）Spring 框架中有哪些不同类型的事件？

Spring 提供了以下五种标准的事件：

①上下文更新事件（ContextRefreshedEvent）：该事件会在 ApplicationContext 被初始化或者更新时发布，也可以在调用 ConfigurableApplicationContext 接口中的 refresh()方法时被触发。

②上下文开始事件（ContextStartedEvent）：当容器调用 ConfigurableApplicationContext 的 start()方法开始/重新开始容器时触发该事件。

③上下文停止事件（ContextStoppedEvent）：当容器调用 ConfigurableApplicationContext 的 stop()方法停止容器时触发该事件。

④上下文关闭事件（ContextClosedEvent）：当 ApplicationContext 被关闭时触发该事件。容器被关闭时，其管理的所有单例模式 Bean 都将被销毁。

⑤请求处理事件（RequestHandledEvent）：在 Web 应用中，当一个 HTTP 请求（request）结束时触发该事件。

（2）Spring 框架中都用到了哪些设计模式？

Spring 框架中使用到了大量的设计模式，例如：

①代理模式：在 AOP 和 remoting 中被用得比较多。

②单例模式：在 Spring 配置文件中定义的 Bean 默认为单例模式。

③模板方法：用来解决代码重复的问题。

④前端控制器：Spring 提供了 DispatcherServlet 来对请求进行分发。

⑤视图帮助（view helper）：Spring 提供了一系列的 JSP 标签，高效宏来辅助将分散的代码整合在视图里。

⑥依赖注入：贯穿于 BeanFactory/ApplicationContext 接口的核心理念。

⑦工厂模式：BeanFactory 用来创建对象的实例。

（3）使用 Spring 框架的好处是什么？

①轻量：Spring 是轻量的，基本的版本大约为 2MB。

②控制反转：Spring 通过控制反转实现了松散耦合，对象给出它们的依赖，而不是创建或查找依赖的对象。

③面向切面的编程（AOP）：Spring 支持面向切面的编程，并且把应用业务逻辑和系统服务分开。

④容器：Spring 包含并管理应用中对象的生命周期和配置。

⑤MVC 框架：Spring 的 Web 框架是个精心设计的框架，是 Web 框架的一个很好的替代品。

⑥事务管理：Spring 提供了一个持续的事务管理接口，可以扩展到上至本地事务下至全局事务（JTA）。

⑦异常处理：Spring 提供方便的 API 把具体技术相关的异常（比如由 JDBC、Hibernate 或 JDO 抛出的异常）转化为一致的非检查异常。

（4）在 Spring 中如何注入一个 Java 集合？

Spring 提供以下几种集合的配置元素：

①<list>类型：用于注入一列值，允许有相同的值。

②<set>类型：用于注入一组值，不允许有相同的值。

③<map>类型：用于注入一组键值对，键和值都可以为任意类型。

④<props>类型：用于注入一组键值对，键和值都只能为 String 类型。

10.2.7 创建 Bean 的三种方式

题面解析：本题主要考查应聘者对基本框架的熟练掌握程度。看到此问题，首先回忆之前学习的知识，然后要知道 Spring 支持 Bean 的三种方式有哪些，并且要知道相应的作用是什么。

解析过程：

Spring 支持如下三种方式创建 Bean：

（1）调用构造方法创建 Bean；

（2）调用静态工厂方法创建 Bean；

（3）调用实例工厂方法创建 Bean。

1. 调用构造方法创建 Bean

调用构造方法创建 Bean 是最常用的一种情况，Spring 容器通过 new 关键字调用构造器来创建 Bean 实例，通过 class 属性指定 Bean 实例的实现类。也就是说，如果使用构造器创建 Bean 方法，则<bean/>元素必须指定 class 属性，其实 Spring 容器也就是相当于通过实现类创建了一个 Bean 实例。调用构造方法创建 Bean 实例，通过名字也可以看出，我们需要为该 Bean 类提供无参数的构造器。下面是一个通过构造方法创建 Bean 的最简单实例。

1）Bean 实例实现类 Person.java

```
package com.mao.gouzao;
public class Person
{
    private String name;
    public Person(String name)
    this.name=name;
    {
        System.out.println("Spring 容器开始通过无参构造器创建 Bean 实例------------");
    }
    public void input()
    {
        System.out.println("欢迎来到我的博客: "+name);
    }
}
```

2）配置文件 beans.xml

```
<?xml version="1.0" encoding="GBK"?>
<beans xmlns:xsi="http://www.w3.org/2001/XMLSchema-instance"
 xmlns="http://www.springframework.org/schema/beans"
 xsi:schemaLocation="http://www.springframework.org/schema/beans
 http://www.springframework.org/schema/beans/spring-beans-4.0.xsd">
<!-- 指定 class 属性，通过构造方法创建 Bean 实例 -->
 <bean id="person" class="com.mao.gouzao.Person">
   <!-- 通过构造方法赋值 -->
   <constructor-arg name="name" value="魔术师"></constructor-arg>
 </bean>
</beans>
```

3）测试类 PersonTest.java

```
import org.springframework.context.ApplicationContext;
import org.springframework.context.support.ClassPathXmlApplicationContext;
public class PersonTest
{
    public static void main (String []args)
    {
        //创建 Spring 容器
        ApplicationContext ctx=new ClassPathXmlApplicationContext("beans.xml");
        //通过 getBean()方法获取 Bean 实例
        Person person=(Person) ctx.getBean("person");
        person.input();
```

```
    }
}
```

2. 调用静态工厂方法创建 Bean

通过静态工厂创建，其本质就是把类交给自己的静态工厂管理，Spring 只是帮助调用了静态工厂创建实例的方法，而创建实例的这个过程是由静态工厂实现的。在实际开发的过程中，很多时候需要使用第三方 jar 包提供的类，而这个类没有构造方法，而是通过第三方包提供的静态工厂创建的。这时，如果想把第三方 jar 里面的这个类交由 Spring 来管理，就可以使用 Spring 提供的静态工厂创建实例的配置。

3. 调用实例工厂方法创建 Bean

通过实例工厂创建，其本质就是把创建实例的工厂类交由 Spring 管理，同时把调用工厂类的方法创建实例的这个过程也交由 Spring 管理。在实际开发的过程中，如 Spring 整合 Hibernate 就是通过这种方式实现的。但对于没有与 Spring 整合过的工厂类，一般都是用代码来管理的。

10.2.8 依赖注入

试题题面：什么是依赖注入？有几种方式？

题面解析：本题主要考查应聘者对框架知识的熟练掌握程度。看到此问题，应聘者需要把关于框架的所有知识在脑海中回忆一下。

解析过程：

Spring 通过 DI（依赖注入）实现 IOC（控制反转）。

常用的注入方法主要有三种：构造方法注入、setter 注入和基于注解的注入。

1. 构造方法注入

构造器注入保证了一些必要的属性在 Bean 实例化时就设置，并且确保了 Bean 实例在实例化后就可以使用。

在类中，不用为属性设置 setter()方法，只需提供构造方法即可。

在构造文件中配置该类 Bean，并配置构造器，在配置构造器中用。例如：

```
//ApplicationContext.xml
<bean id="action" class="com.action.UserAction">
    <constructor-arg index ="0" name="name" value="Murphy"></constructor-arg>
</bean>
```

提供构造方法如下：

```
public class UserAction {
    private  String name;
    public UserAction(String name) {
        this.name = name;
    }
}
```

2. setter 注入

根据 property 标签的 name 属性的值去找对应的 setter()方法。

例如，name="aa"对应的就是 setaa()方法。

由于属性注入具有可选性和灵活性高的优点，因此它是实际上最常用的注入方式。

属性注入要求 Bean 提供一个默认的构造函数，并为需要注入的属性提供对应的 setter()方法。Spring 先调用 Bean 默认的构造函数实例化 Bean 对象，然后通过反射机制的方法调用 setter()方法注入属性值。

☆**注意**☆ 如果通过 setter()方法注入属性，那么 Spring 会通过默认的空参构造方法来实例化对象，所以如果在类中写了一个带有参数的构造方法，一定要把空参数的构造方法写上，否则 Spring 没有办法实例化对象，会导致报错。

```
//ApplicationContext.xml
<bean id="action" class="com.action.UserAction">
    <property name="name" value="Murphy"/>
</bean>
```

提供 setter()方法：

```
public class UserAction {
    private String name;
    public String getName() {
        return name;
    }
    public void setName(String name) {
        this.name = name;
    }
}
```

3. 基于注解的注入

@Autowired(构造,接口,方法)：自动装配，默认根据类型注入，属性为 required。

（1）@Autowired(required=true)：当使用@Autowired 注解的时候，其实默认就是@Autowired (required=true)，表示注入的时候，该 Bean 必须存在，否则就会注入失败。

（2）@Autowired(required=false)：表示忽略当前要注入的 Bean，如果有直接注入，没有跳过，也不会报错。

required 属性含义和@Required 一样，只是@Required 只适用于基于 XML 配置的 setter 注入方法，只能打在 setter()方法上。

```
public class AutowiredAction {
    private String name;
    private List<String> list;
    @Autowired
    private AutowiredAction(String name) {
        this.name=name;
    }
    public String getName() {
        return name;
    }
    @Autowired
    public void setName(String name) {
        this.name = name;
    }
    @Autowired(required = true)
    private void initName(String name,List<String> list) {
        this.name = name;
        this.list = list;
    }
}
```

接口：

```
public interface AutowiredIn {
    @Autowired
```

```
    void initName(String name,Integer age);
}
```

@Resource 默认按照名称装配，可以标注在字段或属性的 setter()方法上。默认按照字段的名称去 Spring 容器中找依赖对象，如果没有找到，则退回到按照类型查找。如果配置了属性 name，那么只能按照名称找依赖对象。

```
public class ResourceAction {
    @Resource(name="name")
    private String name;
    @Resource
    private List<String> list;
    public String getName() {
        return name;
    }
    @Resource
    public void setName(String name) {
        this.name = name;
    }
    public List<String> getList() {
        return list;
    }
    public void setList(List<String> list) {
        this.list = list;
    }
}
```

10.2.9 使用框架的优点

题面解析：本题主要就是针对本章学习的框架知识的概述。我们要知道什么是框架、使用框架的优点有哪些。

解析过程：

1. 框架的概念

在的 J2EE 开发中，经常会提到“框架”这个词，例如 Spring、Struts 2 等都称之为 J2EE 开发框架。那么什么是框架呢？

框架的英文为 framework，带有骨骼、支架的含义。在软件工程中，框架被定义为整个或部分系统的可重用设计，表现为一组抽象构件及构件实例间交互的方法；另一种定义认为，框架是可被应用开发者定制的应用骨架。

框架是实现了在应用领域通用功能的底层服务。使用这种框架的编程人员可以在一个通用功能已经实现的基础上开始具体的系统开发。框架提供了所有应用期望的默认行为的类集合。具体的应用通过重写子类或组装对象来支持应用专用的行为。

2. 合理的使用框架的优点

（1）重用代码大大增加，软件生产效率和质量也得到了提高。

（2）代码结构的规范化，降低程序员之间沟通以及日后维护的成本。

（3）知识的积累，可以让那些经验丰富的人员去设计框架和领域构件，而不必限于低层编程。

（4）软件设计人员要专注于对框架的了解，使需求分析更充分。

（5）允许采用快速原型技术，有利于在一个项目内多人协同工作。

（6）大力度的重用使得平均开发费用降低，开发速度加快，开发人员减少，维护费用降低，而参数化框架使得适应性、灵活性增强。

10.2.10 SSM 常用的注解有哪些

题面解析：本题是在框架基础知识上的延伸。看到题目要想到 SSM 包括哪些内容，并延伸说明 SSM 常用的注解有哪些，并进行详细的介绍。

解析过程：

SSM 框架的常用注解整理：

1. MyBatis

配置一对多查询和多对多查询的注解方式映射关系：

（1）@Results：声明映射关系的配置，value 属性接收@Result 的数组。

（2）@Result：配置映射关系。

（3）ID 属性（boolean）：声明是否为主键配置。

（4）property 属性：对象中的属性名。

（5）column 属性：查询的字段名。

2. Spring

创建当前对象交给 Spring 容器管理的注解：

（1）@Component(value="id 标识");

（2）@Controller(value="id 标识") web 层;

（3）@Service(value="id 标识") service 层;

（4）@Repository(value="id 标识") dao 层;

☆**注意**☆ 需要配置到类上的 value 属性指定唯一标识。

3. 属性依赖注入的注解

（1）@Autowired：默认按照类型（接口）从容器中查找对象并注入，也可以以属性名作为唯一标识从容器中查找对象并注入。

（2）@Qualifier(value="id 标识")：value 属性可以按照 ID 唯一标识注入。

（3）@Value：注入基本数据类型数据也可以注入被 Spring 容器管理的 properties 文件中的内容。

4. 生命周期相关的注解

（1）@Scope：对象的作用 Value 属性（singleton|prototype）。

（2）@PostConstruct：配置到方法上用来配置初始化方法。

（3）@PreDestory：配置到方法上用来配置销毁方法。

5. 使用配置类替换 XML 配置文件的注解

（1）@Configuration：声明配置类。

（2）@ComponentScan：开启包扫描。

（3）@PropertySource：将 properties 配置文件交给 Spring 容器管理。

（4）@Import：引入其他的配置类。

（5）@Bean：配置到方法上，表明此方法的返回值交给 Spring 容器管理。

6. SpringTest 的相关注解

（1）@Runwith(SpringJunit4ClassRunner.class)：声明 Spring 提供的类加载配置文件。

（2）@ContextConfiguration：声明 Spring 的配置信息；Locations 属性 XML 配置文件；Classes 属性配置类的字节码。

7. AOP 相关的注解

（1）@Aspect：声明切面类。

（2）@PonitCut：定义公共的切入点配置到空方法上。

（3）value 属性切入点表达式引用：方法名()。

配置通知类型：

@Before：前置通知。

@AfterReturnint：后置通知。

@AfterThrowing：异常通知。

@After：最终通知。

@Around：环绕通知。

@EnableAspectJAutoProxy：开启对 AOP 注解的支持，用于纯注解使用。

8. 事务相关的注解

（1）@Transactional：需要事务的类或者方法上使用配置事务。

（2）@EnableTransactionManagement：纯注解使用，代表开启对注解事务的支持。

9. Spring MVC

（1）@RequestMapping("/user")：做浏览的访问路径和当前方法的映射。

（2）@RequestHeader：获取到请求头的信息。

（3）@CookieValue：获取到 Cookie 的 SessionID。

（4）@RequestBody：配置到方法参数上，表明将 JSON 字符串转化为 Java 对象。

（5）@ResponseBody：配置到方法返回值，表明将对象转化为 JSON 字符串。

（6）@RequestBody：配置到方法参数，表明将 JSON 字符串转化为对象。

（7）@SessionAttributes(value = {"username"})：代表当前类中的所有方法，只要 model 对象操作了指定的参数都会在 session 域中存一份。

（8）@ModelAttribute("aaa")：向 model 中添加元素。

Restful 代码编程的要求如下：

确定地址参数（id）如何设置路径，格式为：{id}；

确定如何获取到地址参数（id）在方法参数上使用注解：@PathVariable(value = "id")；

指定就对某一种提交方式有效：@RequestMapping(value = "/{idddd}.html",method = RequestMethod.GET)，只对 get 提交有效。

10.2.11 Spring MVC 的工作流程

题面解析：本题针对前面介绍的 Spring MVC 的概念，在框架的知识上进一步进行延伸，介绍关于 Spring MVC 的工作流程有哪些步骤，能够使应聘者进一步掌握框架的知识。

解析过程：

通过下面的步骤说明 Spring MVC 的工作流程：

（1）用户发送请求至前端控制器 DispatcherServlet。

（2）DispatcherServlet 收到请求调用 HandlerMapping 处理器、映射器。

（3）处理器、映射器找到具体的处理器，生成处理器对象及处理器拦截器（如果有则生成）一并返回给 DispatcherServlet。

（4）DispatcherServlet 调用 HandlerAdapter 处理器、适配器。

（5）HandlerAdapter 经过适配调用具体的处理器（controller，也叫后端控制器）。

（6）controller 执行完成返回 ModelAndView。

（7）HandlerAdapter 将 controller 执行结果 ModelAndView 返回给 DispatcherServlet。

（8）DispatcherServlet 将 ModelAndView 传给 ViewReslover 视图解析器。

（9）ViewReslover 解析后返回具体 view。

（10）DispatcherServlet 根据 view 进行渲染视图（即将模型数据填充至视图中）。

（11）DispatcherServlet 响应用户。

10.2.12　什么是 Ajax？它的优缺点有哪些

题面解析：本题主要考查应聘者对基本框架的熟练掌握程度。看到此问题，应聘者需要知道 Ajax 的基础概念、具有哪些优缺点。

解析过程：

Ajax 的全称是 Asynchronous JavaScript and XML，其中，Asynchronous 是异步的意思，它有别于传统 Web 开发中采用的同步方式。

1. Ajax 所包含的技术

大家都知道 Ajax 并非一种新的技术，而是几种原有技术的结合体。它由下列技术组合而成。

（1）CSS 和 XHTML。

（2）DOM。

（3）XMLHttpRequest。

（4）JavaScript。

在上面几种技术中，除了 XmlHttpRequest 以外，其他所有的技术都是基于 Web 标准并且已经得到了广泛使用。XMLHttpRequest 虽然目前还没有被 W3C 所采纳，但是它已经是一个事实的标准，因为目前几乎所有的主流浏览器都支持它。

2. Ajax 原理和 XmlHttpRequest 对象

（1）Ajax 的原理简单来说是通过 XmlHttpRequest 对象来向服务器发异步请求，从服务器获得数据，然后用 JavaScript 来操作 DOM 而更新页面。这其中最关键的一步就是从服务器获得请求数据。要清楚这个过程和原理，我们必须对 XMLHttpRequest 有所了解。

（2）XMLHttpRequest 是 Ajax 的核心机制，它是在 IE5 中首先引入的，是一种支持异步请求的技术。简单地说，也就是 JavaScript 可以及时向服务器提出请求和处理响应，而不阻塞用户，达到无刷新的效果。

首先来看 XMLHttpRequest 这个对象的属性。

- Onreadystatechange：每次状态改变所触发事件的事件处理程序。
- responseText：从服务器进程返回数据的字符串形式。
- responseXML：从服务器进程返回的 DOM 兼容的文档数据对象。
- status：从服务器返回的数字代码，比如常见的 404（未找到）和 200（已就绪）。
- statusText：伴随状态码的字符串信息。
- readyState：对象状态值。

但是，由于各浏览器之间存在差异，所以创建一个 XMLHttpRequest 对象可能需要不同的方法。这个差异主要体现在 IE 和其他浏览器之间。下面是一个比较标准的创建 XMLHttpRequest 对象的方法。

（1）（未初始化）对象已建立，但是尚未初始化（尚未调用 open()方法）。

（2）（初始化）对象已建立，尚未调用 send()方法。

（3）（发送数据）send()方法已调用，但是当前的状态及 HTTP 头未知。

（4）（数据传送中）已接收部分数据，因为响应及 HTTP 头不全，这时通过 responseBody 和 responseText 获取部分数据会出现错误。

（5）（完成）数据接收完毕，此时可以通过 responseXml 和 responseText 获取完整的回应数据。

3. Ajax 的优点

Ajax 的优点如下：

（1）页面无刷新，在页面内与服务器通信，给用户的体验非常好。

（2）使用异步方式与服务器通信，不需要打断用户的操作，具有更加迅速的响应能力。

（3）可以把以前一些服务器负担的工作转接到客户端，利用客户端闲置的能力来处理，减轻带宽的负担，节约空间和宽带租用成本；并且减轻服务器的负担，Ajax 的原则是“按需取数据”，可以最大程度地减少冗余请求和响应对服务器造成的负担。

（4）基于标准化的并被广泛支持的技术，不需要下载插件或者小程序。

4. Ajax 的缺点

下面着重讲一讲 Ajax 的缺陷，因为平时我们大多注意的都是 Ajax 带来的好处，诸如用户体验的提升，而对 Ajax 所带来的缺陷有所忽视。

下面阐述的 Ajax 的缺陷都是它先天所产生的。

（1）Ajax 丢失了 back 按钮，即破坏了浏览器的后退机制。

（2）安全问题较严重。

（3）对搜索引擎的支持比较弱。

（4）破坏了程序的异常机制。

（5）一些手持设备（如手机、PDA 等）现在还不能很好地支持 Ajax。

5. Ajax 的几种框架

目前采用比较多的 Ajax 框架主要有 Ajax、Ajaxpro.dll、magicajax.dll 以及微软的 atlas 框架。Ajax.dll 和 Ajaxpro.dll 这两个框架差别不大，而 magicajax.dll 只是封装得更厉害一些，比如它可以直接返回 DataSet 数据集，而 Ajax 返回的都是字符串，magicajax.dll 只是对它进行了封装而已。但是它的这个特点可以给我们带来很大的方便，比如我们的页面有一个列表，而列表的数据是不断变化的，那么我们可以采用 magicajax.dll 来处理，操作很简单，添加 magicajax.dll 之后，将要更新的列表控件放在 magicajax.dll 的控件之内，然后在 pageload 里面定义更新间隔的时间就可以了，atlas 的原理和 magicajax.dll 差不多。但是，需要注意的一个问题是，这几种框架都只支持 IE，没有进行浏览器兼容方面的处理，用反编译工具查看代码就可以知道。

除了这几种框架之外，平时用的比较多的方式是自己创建 XmlHttpRequest 对象，这种方式和前面的几种框架相比更具有灵活性。另外，在这里还提一下 Aspnet 2.0 自带的异步回调接口，它和 Ajax 一样也可以实现局部的无刷新，但它的实现实际上也是基于 XmlHttpRequest 对象的，另外也是只支持 IE，当然这是微软的一个竞争策略。

10.2.13　JDBC

试题题面：什么是 JDBC？JDBC 作用有哪些？如何使用 JDBC 操作数据库？

题面解析：本题主要对 JDBC 概念的讲述和如何进行数据库的连接。

解析过程：

1. JDBC

JDBC 是 Java Data Base Connectivity 缩写，用 Java 连接数据库。

JDBC 的作用如下：

（1）建立与数据库的连接。

（2）发送 SQL 语句到数据库。

（3）处理返回的结果集。

2. 如何使用 JDBC

（1）准备 OJDBC 版本（比如 ojdbc14.jar）。

（2）使用 jar 包。

jar 包就是封装好相应功能代码的类，通过 jar 包的导入，可以让程序直接使用 jar 包中的方法、属性等。

3. 使用 JDBC 操作数据库

（1）导入 jar 包。

（2）加载驱动，为连接数据库做准备。加载驱动的方法是调用 Class 类的方法 forName ()，向其传递要加载的 JDBC 驱动，即 Class.forName("oracle.jdbc.driver.OracleDriver")。

（3）准备用户名、口令，等待连接数据库。

（4）编写 SQL 语句。

（5）创建数据库操作对象。

（6）执行 SQL 语句。

（7）关闭连接，释放资源。

10.2.14 Spring 能帮我们做什么

题面解析：本题考查 Spring 的应用。前面主要学习了关于 Spring 框架的基础知识，那么学习完了 Spring，它能帮助我们做哪些事情呢？这是读者需要思考的问题，也是在面试过程中主考官会问到的问题。

解析过程：

（1）Spring 能帮我们根据配置文件创建及组装对象之间的依赖关系。

（2）Spring 根据配置文件来创建及组装对象间的依赖关系，只需要改配置文件即可。

（3）Spring 面向切面编程能帮助我们无耦合地实现日志记录、性能统计、安全控制。

（4）Spring 面向切面编程能提供一种更好的方式来完成，一般通过配置方式，而且不需要在现有代码中添加任何额外代码，现有代码专注业务逻辑。

（5）Spring 能非常简单地帮我们管理数据库事务。

（6）采用 Spring，我们只需获取连接，执行 SQL 语句，其他相关的事务都交给 Spring 来管理。

（7）Spring 还能与第三方数据库访问框架（如 Hibernate、JPA）无缝集成，而且自己也提供了一套 JDBC 访问模板，方便数据库访问。

（8）Spring 还能与第三方 Web（如 Struts、JSF）框架无缝集成，而且自己也提供了一套 Spring MVC 框架，方便 Web 层搭建。

（9）Spring 能方便地与 Java EE（如 JavaMail、任务调度）整合，与更多技术整合（比如缓存框架）。

10.2.15 Spring 的事务管理方式有哪些

题面解析：本题考查 Spring 的事务管理方式。应聘者需要首先说明声明式事务管理的定义，然后使用代码进行简单的描述。本题在面试中也是一道常见题。

解析过程：

（1）声明式事务管理的定义：用在 Spring 配置文件中声明式的处理事务来代替代码式的处理事务。这样的好处是，事务管理不侵入开发的组件。具体来说，业务逻辑对象就不会意识到正在事务管理之中。事实上也应该如此，因为事务管理是属于系统层面的服务，而不是业务逻辑的一部分，如果想要改变事务管理规划的话，也只需要在定义文件中重新配置即可，这样维护起来极其方便。

（2）基于 TransactionInterceptor 的声明式事务管理：有两个次要的属性，一个为 transaction Manager，用来指定一个事务治理器，并将具体事务相关的操作请托给它；另一个是 Properties 类型的 transactionAttributes 属性，该属性的每一个键值对中，键指定的是方法名，方法名可以使用通配符，而值就是表现呼应方法的所运用的事务属性。例如：

```
<beans>
    ...
    <bean id="transactionInterceptor"
          class="org.springframework.transaction.interceptor.TransactionInterceptor">
        <property name="transactionManager" ref="transactionManager"/>
        <property name="transactionAttributes">
```

```
            <props>
                <prop key="transfer">PROPAGATION_REQUIRED</prop>
            </props>
        </property>
    </bean>
    <bean id="bankServiceTarget"
          class="footmark.spring.core.tx.declare.origin.BankServiceImpl">
        <property name="bankDao" ref="bankDao"/>
    </bean>
    <bean id="bankService"
          class="org.springframework.aop.framework.ProxyFactoryBean">
        <property name="target" ref="bankServiceTarget"/>
        <property name="interceptorNames">
            <list>
                <idref bean="transactionInterceptor"/>
            </list>
        </property>
    </bean>
</beans>
```

（3）基于 TransactionProxyFactoryBean 的声明式事务管理：设置配置文件与先前相比简化了许多。这类设置配置文件格式称为 Spring 经典的声明式事务治理。例如：

```
<beans>
    …
    <bean id="bankServiceTarget"
          class="footmark.spring.core.tx.declare.classic.BankServiceImpl">
        <property name="bankDao" ref="bankDao"/>
    </bean>
    <bean id="bankService"
          class="org.springframework.transaction.interceptor.TransactionProxyFactoryBean">
        <property name="target" ref="bankServiceTarget"/>
        <property name="transactionManager" ref="transactionManager"/>
        <property name="transactionAttributes">
            <props>
                <prop key="transfer">PROPAGATION_REQUIRED</prop>
            </props>
        </property>
    </bean>
</beans>
```

（4）基于<tx>命名空间的声明式事务管理：在前两种方法的基础上，Spring 2.x 引入了<tx>命名空间，综合使用<aop>命名空间，带给开发人员设置配备声明式事务的全新体验。例如：

```
<beans>
    …
    <bean id="bankService"
          class="footmark.spring.core.tx.declare.namespace.BankServiceImpl">
        <property name="bankDao" ref="bankDao"/>
    </bean>
    <tx:advice id="bankAdvice" transaction-manager="transactionManager">
        <tx:attributes>
            <tx:method name="transfer" propagation="REQUIRED"/>
        </tx:attributes>
    </tx:advice>
    <aop:config>
        <aop:pointcut id="bankPointcut" expression="execution(* *.transfer(..))"/>
        <aop:advisor advice-ref="bankAdvice" pointcut-ref="bankPointcut"/>
    </aop:config>
    …
</beans>
```

（5）基于@Transactional 的声明式事务管理：Spring 2.x 还引入了基于 Annotation 的方式格式，具体次要触及@Transactional 标注。@Transactional 可以作用于接口、接口方法、类和类方法上。当作用于类上时，该类的一切 public 方法将都具有该类型的事务属性。

```
@Transactional(propagation = Propagation.REQUIRED)
public boolean transfer(Long fromId, Long toId, double amount) {
    return bankDao.transfer(fromId, toId, amount);
}
```

（6）编程式事务管理的定义：在代码中显式应用 beginTransaction()、commit()、rollback()等与事务管理相关的方法，这就是编程式事务管理。Spring 对事务的编程式管理有基于底层 API 的编程式管理和基于 TransactionTemplate 的编程式事务管理两种方式。

（7）基于底层 API 的编程式管理：借助 PlatformTransactionManager、TransactionDefinition 和 TransactionStatus 三个焦点接口来实现编程式事务管理。例如：

```
public class BankServiceImpl implements BankService {
    private BanckDao bankDao;
    private TransactionDefinition txDefinition;
    private PlatformTransactionManager txManager;
    public boolean transfer(Long fromId, Long toId, double amount) {
        TransactionStatus txStatus = txManager.getTransaction(txDefinition);
        boolean result = false;
        try {
            result = bankDao.transfer(fromId, toId, amount);
            txManager.commit(txStatus);
        } catch (Exception e) {
            result = false;
            txManager.rollback(txStatus);
            System.out.println("Transfer Error!");
        }
        return result;
    }
}
```

（8）基于 TransactionTemplate 的编程式事务管理：为了不损坏代码原有的条理性，避免出现每一个方法中都包括相同的启动、提交、回滚事务模板代码的现象，Spring 提供了 transactionTemplate 模板来实现编程式事务管理。例如：

```
public class BankServiceImpl implements BankService {
    private BankDao bankDao;
    private TransactionTemplate transactionTemplate;
    public boolean transfer(final Long fromId, final Long toId, final double amount) {
        return (Boolean) transactionTemplate.execute(new TransactionCallback() {
            public Object doInTransaction(TransactionStatus status) {
                Object result;
                try {
                    result = bankDao.transfer(fromId, toId, amount);
                } catch (Exception e) {
                    status.setRollbackOnly();
                    result = false;
                    System.out.println("Transfer Error!");
                }
                return result;
            }
        });
    }
}
```

☆**注意**☆　编程式事务与声明式事务的区别：编程式事务是自己写事务处理的类，然后调用；声明式事务是在配置文件中配置，一般搭配在框架里面使用。

10.3　名企真题解析

接下来，我们收集了一些大企业往年的面试及笔试题，读者可以将以下题目作为参考，看自己是否已经掌握了基本的知识点。

10.3.1　Spring 框架

【选自 WR 笔试题】

试题题面：为什么要使用 Spring 框架？使用 Spring 框架有哪些好处？

题面解析：本题主要考查使用 Spring 框架的原因及优势。

解析过程：

通过以下六个方面说明 Spring 的优势：

（1）方便解耦，便于开发（Spring 就像一个大工厂，可以将所有对象的创建和依赖关系维护都交给 Spring 管理）。

（2）Spring 支持 AOP 编程（Spring 提供面向切面编程，可以很方便地实现对程序进行权限拦截和运行监控等功能）。

（3）声明式事务的支持（通过配置就完成对事务的支持，不需要手动编程）。

（4）方便程序的测试，Spring 对 junit4 支持，可以通过注解方便地测试 Spring 程序。

（5）方便集成各种优秀的框架。

（6）降低 Java EE API 的使用难度（Spring 对 Java EE 开发中非常难用的一些 API（例如 JDBC、Java Mail 远程调用等）都提供了封装，使这些 API 应用难度大大降低）。

10.3.2　至少写出三种 SSH 框架中常用的注解

【选自 WR 笔试题】

题面解析：本题主要针对框架中的知识进行介绍，主要对 SSH 框架中常用的注解进行说明。

解析过程：

1. Hibernate 框架

Hibernate 的注解主要用在持久化类。

（1）@Entity：指定当前类是实体类。

```
@Entity
public class User() {
    private Integer id;
    private String name;
}
```

（2）@Table：指定实体类和数据库表之间的对应关系。

属性：

name：指定数据库表的名称。

例如：

```
@Entity
@Table(name="t_user")
public class User() {
    private Integer id;
    private String name;
}
```

（3）@Id：指定当前字段是主键。

```
@Entity
@Table(name="t_user")
public class User() {
    @Id
    private Integer id;
    private String name;
}
```

（4）@GeneratedValue：指定主键的生成方式。

属性：

strategy：指定主键生成策略。

JPA 提供的四种标准用法为 TABLE、SEQUENCE、IDENTITY、AUTO。

```
@Entity
@Table(name="t_user")
public class User() {
    @Id
    @GeneratedValue(strategy = IDENTITY)
    private Integer id;
    private String name;
}
```

（5）@Column：指定实体类属性和数据库表字段之间的对应关系。

属性：

name：指定数据库表的列名称。

unique：是否唯一。

nullable：是否可以为空。

inserttable：是否可以插入。

updateable：是否可以更新。

例如：

```
@Entity
@Table(name="t_user")
public class User() {
    @Id
    @GeneratedValue(strategy = IDENTITY)
    @Column(name = "user_id")
    private Integer id;
    @Column(name = "user_name")
    private String name;
}
```

2. Struts 2 框架

1）@NameSpace

它只能出现在 package 上或者 Action 类上。一般情况下都是写在 Action 类上。

作用：指定当前 Action 中所有动作方法的名称空间。

属性：

value：指定名称空间的名称。写法和 XML 配置时一致。不指定的话，默认名称空间是""。

2）@ParentPackage

它只能出现在 package 上或者 Action 类上。一般情况下都是写在 Action 类上。

作用：指定当前动作类所在包的父包。由于已经在类中配置，所以无须再指定包名。

属性：

value：指定父包的名称。

3）@Action

它只能出现在 Action 类上或者动作方法上。一般情况下都是写在动作方法上。

作用：指定当前动作方法的动作名称。也就是 XML 配置时 action 标签的 name 属性。

属性：

value：指定动作名称。

results[]：它是一个数组，数据类型是注解，用于指定结果视图。此属性可以没有，当没有该属性时，表示不返回任何结果视图。即使用 response 输出响应正文。

interceptorRefs[]：它是一个数组，数据类型是注解，用于指定引用的拦截器。

4）@Result

它可以出现在动作类上，也可以出现在 Action 注解中。

作用：出现在类上，表示当前动作类中的所有动作方法都可以用此视图。出现在 Action 注解中，表示当前 Action 可用此视图。

属性：

name：指定逻辑结果视图名称。

type：指定前往视图的方式。例如，请求转发、重定向、重定向到另外的动作。

location：指定前往的地址。可以是一个页面，也可以是一个动作。

5）@Results

它可以出现在动作类上，也可以出现在 Action 注解中。

作用：用于配置多个结果视图。

属性：

value：它是一个数组，数据类型是 result 注解。

6）@InterceptorRef

它可以出现在动作类上或者 Action 注解中。

作用：用于配置要引用的拦截器或者拦截器栈。

属性：

value：用于指定拦截器或者拦截器栈。

3. Spring 框架

1）IOC 的注解

@Component：创建对象。

@Controller：把视图层类交给 Spring 管理。

```
@Controller
public class UserAction() {
}
```

@Service：把业务层类交给 Spring 管理。

```
@Service
public class UserService() {
}
```

@Repository：把持久层类交给 Spring 管理。

```
@Repository
public class UserDao() {
}
```

2）AOP 的常用注解

AOP：即面向切面编程，需要在 Spring 的主配置文件中添加以下标签，开启 AOP 注解的支持。

```
<aop:aspectj-autoproxy/>
```

@Aspect：把当前类声明为切面类。

```
@Aspect  //声明为切面类
public class MyLogger {
}
```

@Before：把当前方法看成是前置通知。

属性：

value：用于指定切入点表达式，还可以指定切入点表达式的引用。

```
@Aspect //声明为切面类
public class MyLogger {
    //前置通知
    @Before("pt1()")
    public void beforePrintLog(){
        System.out.println("前置通知：打印日志了…");
    }
}
```

3）事务的注解

@Transactiona：声明在类上表示全局事务，声明在方法上表示局部事务，局部事务会覆盖全局事务，默认属性是传播事务，非只读。

```
@Transactional(readOnly=true)
public class AccountServiceImpl implements IAccountService {
    public Account findAccountById(Integer id) {
        return ad.findAccountById(id);
    }
}
```

10.3.3 垃圾回收机制

【选自 GG 笔试题】

题面解析：本题主要从垃圾回收机制的概念、特点、如何运行等方面进行回答。

解析过程：

从以下几个方面详细地介绍垃圾回收机制：

1. 什么是垃圾回收机制

垃圾回收机制是一种动态存储管理技术，它自动地释放不再被程序引用的对象，按照特定的垃圾收集算法来实现资源自动回收的功能。当一个对象不再被引用的时候，内存回收它占领的空间，以便空间被后来的新对象使用，以免造成内存泄漏。

2. Java 的垃圾回收有什么特点

Java 语言不允许程序员直接控制内存空间的使用。内存空间的分配和回收都是由 JRE 负责在后台自动进行的，尤其是无用内存空间的回收操作（garbage collection，也称垃圾回收），只能由运行环境提供的一个超级线程进行监测和控制。

3. 垃圾回收机制什么时候运行

一般是在 CPU 空闲或空间不足时自动进行垃圾回收，而程序员无法精确控制垃圾回收的时机和顺序等。

4. 怎么判断符合垃圾回收条件的对象

当没有任何获得线程能访问一个对象时，该对象就符合垃圾回收条件。

5. 垃圾回收机制怎样工作

垃圾回收机制如发现一个对象不能被任何活线程访问时，它将认为该对象符合删除条件，就将其加入回收队列，但不是立即销毁对象，何时销毁并释放内存是无法预知的。垃圾回收不能强制执行，然而 Java 提供了一些方法（如 System.gc()方法），允许请求 JVM 执行垃圾回收，而不是要求，虚拟机会尽其所能满足请求，但是不能保证 JVM 从内存中删除所有不用的对象。

6. 一个 Java 程序是否可以耗尽内存

可以。垃圾收集系统尝试在对象不被使用时把它们从内存中删除。然而，如果保持太多的对象，系统则可能会耗尽内存。垃圾回收机制不能保证有足够的内存，只能保证可用内存尽可能地得到高效的管理。

7. 垃圾收集前进行清理——finalize()方法

Java 提供了一种机制，使得在对象刚要被垃圾回收之前运行一段代码。这段代码位于名为 finalize()的方法内，所有类从 Object 类继承这个方法。由于不能保证垃圾回收机制会删除某个对象，因此放在 finalize()中的代码无法保证运行。因此建议不要重写 finalize()。

10.3.4 拦截器和过滤器

【选自 BD 笔试题】

试题题面：拦截器（interceptor）和过滤器（filter）的区别与联系。

题面解析：本题主要说明拦截器和过滤器之间的区别是什么和两者之间具有什么样的联系。

解析过程：

1. 拦截器和过滤器的概念

（1）过滤器实现了 Javax.Servlet.Filter 接口的服务器端程序，主要的用途是过滤字符编码、做一些业务逻辑判断等。

工作原理：

①在 web.xml 文件配置好要拦截的客户端请求，过滤器会帮助拦截到请求，此时就可以对请求或响应（request、response）统一设置编码，简化操作。

②还可进行逻辑判断，如用户是否已经登录、有没有权限访问该页面等。

（2）拦截器是在面向切面编程中应用的，就是在 Service 或者一个方法前调用一个方法，或者在方法后调用一个方法。拦截器是基于 Java 的反射机制。拦截器不是在 web.xml 文件中。

2. 拦截器和过滤器的区别

（1）拦截器是基于 Java 的反射机制，过滤器是基于 Java 的函数回调。

（2）拦截器不依赖于 Servlet 容器，而过滤器依赖于 Servlet 容器。

（3）拦截器只能对 action 请求起作用，过滤器几乎对所有的请求起作用。

（4）拦截器可以访问 action 上下文和栈里的对象，而过滤器不能访问。

（5）在 action 生命周期中，拦截器可以被多次调用，过滤器只能在 Servlet 中初始化时调用一次。

（6）拦截器可以获取 IOC 容器中的各个 Bean，而过滤器则不行，只可以在拦截器中注入一个 Service 才可以调用逻辑业务。